浙江省中等职业教育示范校建设课程改革创新教材

51单片机原理与编程基础

闫　肃　主编

邵晓兵　关慧玲　副主编

科学出版社

北　京

内 容 简 介

本书以就业为导向，以项目—任务式教学法作为建构思想，突出技能培养，力争做、学一体化。全书包括 6 个项目，主要内容为 51 单片机及其系统开发初识、LED 指示灯设计、数码管显示器设计、指令键盘设计、数字显示器设计、电子时钟系统设计，并在附录中给出单片机系统 Proteus 仿真常用元器件对照表。本书从培养学生实际应用能力的角度出发，系统地阐述单片机的基础知识及应用。全书在介绍各个知识点的过程中，采用任务驱动方式，由浅入深，从易到难，循序渐进地实施项目任务，以激发学生的学习兴趣，切实提高学生的操作技能及处理问题的能力。

本书既可作为中职学校相关专业的教材，也可供电工电子及自动控制技术爱好者使用。

图书在版编目（CIP）数据

51 单片机原理与编程基础/闫肃主编. —北京：科学出版社，2018
（浙江省中等职业教育示范校建设课程改革创新教材）
ISBN 978-7-03-032383-5

Ⅰ．①5⋯ Ⅱ．①闫⋯ Ⅲ．①单片微型计算机-程序设计-中等专业学校-教材 Ⅳ.①TP368.1

中国版本图书馆 CIP 数据核字（2018）第 031468 号

责任编辑：韩　东　王会明 / 责任校对：王万红
责任印制：吕春珉 / 封面设计：东方人华平面设计部

科学出版社 出版
北京东黄城根北街 16 号
邮政编码：100717
http://www.sciencep.com

三河市骏杰印刷有限公司印刷
科学出版社发行　　各地新华书店经销
*

2018 年 2 月第 一 版　　开本：787×1092　1/16
2018 年 2 月第一次印刷　　印张：8 3/4
字数：205 000
定价：31.00 元
（如有印装质量问题，我社负责调换〈骏杰〉）
销售部电话 010-62136230　编辑部电话 010-62135391-2008

版权所有，侵权必究
举报电话：010-64030229；010-64034315；13501151303

浙江省中等职业教育示范校建设课程
改革创新教材编委会

主　任

　　黄锡洪

副主任

　　周洪亮　　周柏洪　　朱寿清　　谢光奇　　邵晓兵　　余悉英

成　员

　　龚海云　　闫　肃　　王立彪　　叶光明　　张红梁　　吴笑航
　　钟　航　　蔡德华　　郝好敏　　李双彤　　潘卫东　　黄利建
　　金晓峰　　姜静涛　　叶晓春　　傅　欢　　蒋水生　　章佳飞
　　许雪佳　　阎海平　　李　钊　　谢　岷　　朱必均　　金高飞

前　言

单片机就是"微控制器"，是嵌入式系统中重要的成员，也是众多产品、设备的智能化核心。如今，单片机的家族越来越大，系列产品越来越多，技术上也越来越先进。其中，51单片机以其强大的功能和低廉的价格成为市场上应用广泛的单片机产品，也是其他系列单片机发展的基础。

目前，单片机的应用已渗透到人们生活的各个领域。从轿车的安全保障系统，到录像机、摄像机、全自动洗衣机及程控玩具、电子宠物等都使用了单片机。学习单片机的最终目的是将其应用于实际系统设计中。51单片机内部资源结构复杂而抽象，程序设计逻辑性强，导致初学者入门困难，编者在深入研究51单片机技术特点及初学者学习困境的基础上，以知识技能实用、够用为原则编写了本书。

全书共6个项目，16个学习任务，内容涵盖51单片机结构、I/O端口、外部中断、定时器/计数器等相关知识，以及常见外部设备的使用、C51编程语言和单片机项目的开发等内容。

本书讲解深入浅出，实例内容翔实，充分体现"理实一体""做中学，学中做"的教学理念，具体有如下优点：

1）以学习者为主体，以学习过程为主线编排内容，符合认知规律，旨在使学习者积极、高效地完成学习任务。

2）采用项目—任务式教学法，以任务为载体，分解相关软件、硬件知识，降低理论难度，突出应用操作，实现理论为操作服务，操作助力理论理解的终极目标。

3）软件仿真配合硬件实操，方便原理性演示，展现工程实际场景，使学习者容易理解，学以致用。

本书由闫肃担任主编，关慧玲、邵晓兵担任副主编，全书由闫肃统稿。另外，浙江工业大学杨海清教授和浙江师范大学杨志强教授在本书的编写过程中进行指导，提出了宝贵的建议，在此一并表示感谢！

由于编者水平有限，加之编写时间仓促，书中难免存在疏漏和不妥之处，恳请广大读者和业内同行批评指正。

编　者

2017年7月

目　　录

项目一

51单片机及其系统开发初识

任务一 51单片机最小系统电路的制作

任务要求

制作AT89S52单片机的最小系统电路，要求该电路具有独立电源，能独立运行程序。

任务准备

一、51单片机概述

单片微型计算机简称单片机，是把中央处理器（central processing unit，CPU）、随机存取存储器（random access memory，RAM）、只读存储器（read only memory，ROM）、输入/输出（I/O）接口等主要计算机功能部件集成在一块芯片上形成的集成电路。

美国Intel公司于1971年研制成功了世界上第一片微处理器芯片4004，之后又相继推出了MCS-48单片机、MCS-51单片机（简称51单片机），使单片机的性能逐步增强，应用范围更加广泛。Intel公司随后将MCS-51的核心技术授权给了其他公司，这些公司相继推出了各具特色并兼容MCS-51的单片机产品。其中最为经典的是Atmel公司推出的AT89C××系列和AT89S××系列单片机。它们完美地将非易失闪存技术（Flash）与80C51内核结合起来，仍采用MCS-51的总体结构和指令系统。Flash的可反复擦写程序存储器能有效地降低开发费用，并能使单片机多次重复使用。

51单片机具有性能高、运行速度快、体积小、价格低廉、可重复编程和功能扩展方便等优点，在市场上得到了广泛应用。其主要应用于如下几个领域。

1）家电产品及玩具。51单片机广泛应用于电视机、冰箱、洗衣机、家用防盗报警器、玩具等方面。

2）机电一体化设备。机电一体化是指将机械技术、微电子技术和计算机技术结合在一起，从而产生具有智能化特性的产品，它是现代机械及电子工业的主要发展方向。单片机可以作为机电一体化设备的控制器，从而简化原机械产品的结构，并扩展其功能。

3）智能测量设备。传统测量仪表存在体积大、功能单一的缺点，限制了测量仪表的发展。采用单片机改造各种测量仪表，可以减小仪表的体积，扩展仪表的功能，从而产生了智能化仪表，如各种数字万用表、示波器等。

4）自动测控系统。可以采用单片机设计各种数据采集系统、自适应控制系统等，如温度自动控制系统、电压电流数据采集系统。

5）计算机控制及通信技术。51 单片机集成有串行通信接口，可以通过该接口和计算机的串行口进行通信，实现计算机的程序控制和通信等功能。

二、51 单片机的内部结构

51 单片机主要由 CPU、程序存储器（ROM）、数据存储器（RAM）、定时器/计数器、中断系统等部件组成，各部件之间以总线的形式连接。51 单片机的内部结构框图如图 1-1 所示。

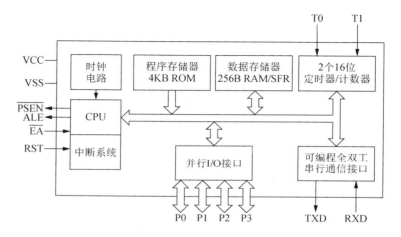

图 1-1　51 单片机的内部结构框图

1．CPU

CPU 是整个单片机的核心部件，其作用是读入并分析每条指令，根据每条指令的功能要求控制单片机的各个单元部件执行相应的操作。如果把整个单片机看作人体，那么 CPU 相当于人的大脑。51 单片机的 CPU 属于 8 位处理器，由算数逻辑运算单元（arithmetic logic unit，ALU）、控制器及一些特殊功能寄存器（special function register，SFR）构成，能对 8 位二进制数据进行处理。

算数逻辑运算单元是进行算数及逻辑运算的部件，由一个加法器、一个位处理器和两个暂存器（TMP1、TMP2）构成。加法器主要用于加、减、乘、除四则算术运算，位处理器用于与、或、非、异或等逻辑运算，两个暂存器不对用户开放。

控制器是控制单片机进行工作的部件，包括指令寄存器（IR）、指令译码器（ID）、程序计数器（PC）等部件。

特殊功能寄存器，也称专用寄存器，是单片机专门为某些功能设置的寄存器，用于设置单片机内部电路的运行方式，记录单片机的运行状态，存放操作数或存放监视程序执行的相关信息，与 CPU 相关的特殊功能寄存器主要有累加器（ACC）、寄存器（B）、程序状态字寄存器（PSW）、数据指针寄存器（DPL、DPH）、堆栈指针寄存器（SP）等。51 单片机一般有 21 个特殊功能寄存器，如表 1-1 所示。

表 1-1 51 单片机特殊功能寄存器

符号	寄存器类型	符号	寄存器类型
P0	P0 口映射寄存器	P1	P1 口映射寄存器
SP	堆栈指针寄存器	SCON	串行口控制寄存器
DPL	数据指针寄存器（低 8 位）	SBUF	串行口数据缓冲寄存器
DPH	数据指针寄存器（高 8 位）	P2	P2 口映射寄存器
PCON	电源控制寄存器	IE	中断允许控制寄存器
TCON	定时器/计数器控制寄存器	P3	P3 口映射寄存器
TMOD	定时器/计数器模式寄存器	IP	中断优先级控制寄存器
TL0	定时器/计数器 T0（低 8 位）	PSW	程序状态字寄存器
TL1	定时器/计数器 T1（低 8 位）	ACC	累加器
TH0	定时器/计数器 T0（高 8 位）	B	寄存器
TH1	定时器/计数器 T1（高 8 位）		

2. 程序存储器

程序存储器也称只读存储器，用于存放用户程序、数据和表格等信息。AT89S52 单片机具有 8KB 内部程序存储器，存储空间最多可扩展至 64KB。

3. 数据存储器

数据存储器也称随机存取存储器，用于存放程序执行的中间结果和过程数据。AT89S52 单片机具有 256B 内部数据存储器，存储空间最多可扩展至 64KB。

4. 定时器/计数器

51 单片机内部有两个 16 位的定时器/计数器，用于产生各种时间间隔或记录外部事件的数量。

5. 中断系统

51 单片机具有完善的中断功能，共有 5 个中断源，即两个外部中断、两个定时器/计数器中断和一个串行口中断。这些功能可以满足不同的控制需求，同时具有两个中断优先级供用户选择。

6. 振荡器

51 单片机内置 12MHz 的时钟电路，也可以外接石英晶体振荡器和微调电容器构成单片机的时钟电路，用来产生单片机内部各部件同步工作的时钟信号。另外，还可以采用外部的时钟源提供时钟信号。

7. 并行接口

51 单片机有 4 个 8 位并行 I/O 接口（P0、P1、P2、P3），可以实现数据的并行输入或并行输出。

8. 串行接口

51 单片机有一个全双工串行接口，可以实现单片机与其他计算机之间的串行数据通信，也可以作为同步位移器使用，用于扩展外部 I/O 接口。

三、AT89S52 单片机的引脚

和所有集成电路芯片一样，AT89S52 单片机也有直插式封装（DIP）和表贴式封装（SMT）两类封装形式。图 1-2 是 AT89S52 单片机的实物图和直插式封装引脚图。

图 1-2　AT89S52 单片机的实物图和直插式封装引脚图

AT89S52 单片机的直插式封装共有 40 个引脚，仍然沿用了 51 单片机引脚功能复用技术使多数引脚具有第二功能。AT89S52 单片机的 40 个引脚按其功能可以分为三类，具体如下。

1. 最小系统引脚

VCC：电源引脚，接电源正极。AT89S52 单片机工作电压的范围是 4.0～5.5V，一般选用 5V。

GND：电源引脚，接地。

XTAL1：晶体振荡器（简称晶振）引脚，芯片内部振荡电路输入端。

XTAL2：晶振引脚，芯片内部振荡电路输出端。当外接晶振时，XTAL1 和 XTAL2 各接晶振的一端。

RST：复位信号输入引脚。

2. I/O 引脚

P0.0～P0.7：P0 口 8 位双向口线。第一功能为基本输入/输出，第二功能是为扩展系统分时提供数据总线和低 8 位地址总线。

P1.0～P1.7：P1 口 8 位双向口线，用于完成 8 位数据的并行输入/输出。

P2.0～P2.7：P2 口 8 位双向口线。第一功能为基本输入/输出，第二功能是在系统扩展时作为高位地址线使用。

P3.0～P3.7：P3 口 8 位双向口线。

3. 控制引脚

ALE/$\overline{\text{PROG}}$：地址锁存控制/片内 ROM 编程脉冲输入信号。

$\overline{EA}$/VPP：访问外部程序存储器控制信号/片内 Flash ROM 编程电源输入。

$\overline{PSEN}$：外部程序存储器选通信号。

四、51 单片机的最小系统电路

单片机的最小系统电路是指保证单片机独立工作所必需的硬件电路组合，包括电源电路、时钟电路和复位电路。51 单片机最小系统的电路如图 1-3 所示。

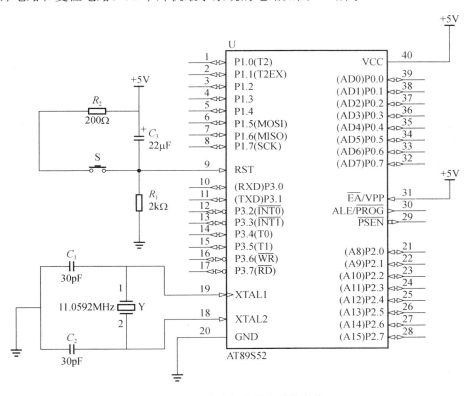

图 1-3　51 单片机的最小系统电路

1. 电源电路

51 单片机的电源电路比较简单，芯片的 40 脚 VCC 与电源（+5V）相连，20 脚 GND 与电源接地端相连即可。

2. 时钟电路

单片机内部的逻辑电路需要在一个统一的信号控制下工作，时钟电路的作用就是产生这一统一的时钟脉冲信号。51 单片机的时钟电路有内部时钟电路和外部时钟电路两种形式，这里介绍常见的内部时钟电路。内部时钟电路是采用单片机内部振荡器来工作的一种时钟电路形式。

单片机的内部有一个高增益的放大电路，XTAL1 是放大电路的输入端，XTAL2 是放大电路的输出端，XTAL1、XTAL2 引脚间接上晶振 Y 后就构成了自激振荡电路，它所产生的脉冲信号的频率就是晶振的固有频率。在自激振荡电路中晶振 Y 起反馈选频作用，其频率的高低决定了单片机运行速度的快慢。单片机系统中通常选用 12MHz 的晶振。电容 C_1、C_2 为振荡调节电容，可以加快起振，同时起到稳定频率和微调振荡频率的作用。当外接晶振的时候，电容值一般选择 $C_1 = C_2 = 30\text{pF}$；当外接陶瓷振荡器的时候，电容值一般选择 $C_1 = C_2 = 40\text{pF}$。实际应用中在装配电路时，为了减少寄生电容，保证电路可靠工作，要求晶振 Y 和电容 C_1、C_2 尽可能地安装在引脚 XTAL1、XTAL2 的附近。

3. 复位电路

单片机的复位操作可以完成单片机的初始化，保证单片机加电后从一个确定的状态开始工作。当单片机处于死机状态时，复位操作可以使单片机重新开始运行。

51 单片机的复位条件是：复位引脚 RST 上加至少两个机器周期的高电平。图 1-4（a）是加电复位电路，由 RC 充电电路构成。加电时，电源通过电阻 R 对电容 C 充电，由于电容两端电压不能突变，RST 端为高电平。一段时间后，电容两端电荷充满，电容等效为开路，RST 端为低电平。图 1-4（b）是常用的由加电复位电路和开关复位电路组成的复合复位电路，图中 C、R_1 为加电复位电路，S、R_2 构成开关复位电路。单片机正常工作时，闭合开关 S，C 两端电荷经 R_2 迅速放电；S 断开后，C、R_1 及电源将完成对单片机的复位操作。

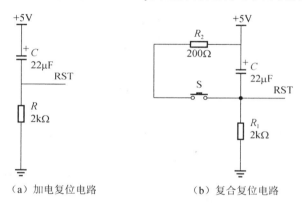

（a）加电复位电路　　　　　　（b）复合复位电路

图 1-4　51 单片机复位电路原理图

任务实施

一、制作准备

1. 元器件准备

制作前先按表 1-2 清点相关元器件数目，并按类别分好；然后检查多功能电路板，看是否存在铜箔缺陷等问题。

表 1-2　AT89S52 单片机最小系统电路元器件清单

序号	名称	标号	参数	数量
1	集成电路	U	AT89S52	1
2	晶振	Y	$f_0 = 11.0592\text{MHz}$	1

续表

序号	名称	标号	参数	数量
3	电阻	R_1	2kΩ	1
4	电阻	R_2	200Ω	1
5	电容	C_1、C_2	30pF	2
6	电容	C_3	22μF	1
7	开关	S	8.5mm	1
8	集成电路插座		40管脚	1

2. 工具和材料准备

本任务所需要的工具和材料主要是电烙铁、数字万用表、示波器、5V 稳压电源、焊锡丝、松香、海绵、镊子、斜口钳、螺钉旋具等。

二、元器件布局

为了保证 51 单片机最小系统电路的功能和性能指标，满足工艺、检测、维修等方面的要求，需要对元器件在电路板上的装配位置进行总体规划。电路元器件的布局参考图 1-3，以单片机为中心，分电源电路模块、时钟电路模块和复位电路模块进行模块化布局。其中，电源电路模块中两个引脚以标准插针形式引出，方便外电源的接入；时钟电路模块中的 3 个元器件应尽可能地靠近引脚 XTAL1、XTAL2。

三、电路装配

根据元器件的布局，按照先低后高的顺序依次进行焊接。焊接完成后检查元器件有无错焊、漏焊。固定好元器件后进行导线焊接，按照横平竖直的原则走线，应避免导线交叉。

四、电路调试

51 单片机最小系统电路装配完成后，按如下步骤进行通电调试。

1）电路板检查：利用数字万用表并对照电路原理图（图 1-3）检查电路板是否存在元器件安装错误，以及虚焊、漏焊等问题；之后检查电路走线是否存在错误（重点检查电源电路）。

2）测试电路连接：使用 5V 稳压电源给 51 单片机最小系统电路板供电。

3）使用示波器检测单片机 ALE/$\overline{\text{PROG}}$ 引脚，若观察到连续方波，则说明单片机能正常工作，电路安装成功，调试结束。否则，逐个检查元器件排查电路故障。

✐ 任务评价

一、工艺性评分标准

工艺性评分标准如表 1-3 所示。

表 1-3 工艺性评分标准

评分项目	分值	评分标准	自我评分	组长评分
电路装配工艺（70分）	20	元器件插装位置合理、色环方向一致、标记向外、极性正确得20分，每错一处扣2分		
	20	板面工艺，元器件排列整齐，同类元器件高低一致，板面清洁美观得20分，每错一处扣2分		
	20	焊接工艺，不出现虚焊、漏焊、桥焊、焊盘脱落得20分，每错一处扣2分		
	10	布线工艺，不出现引线跨接、引线过长得10分，每错一处扣2分		
电路调试（30分）	10	关闭电源总开关，组装测试电路，将51单片机最小系统电路板与5V稳压电源连接起来，不出现正负极接反得10分，每错一处扣5分		
	20	功能测试，装好测试单片机芯片，第一次测试，功能实现得20分；经自己检查维修，第二次测试功能实现得15分；经组长指导维修，第二次测试功能实现得10分		
小计（此项满分100分，最低0分）				

二、特殊情形扣分标准

特殊情形扣分标准如表 1-4 所示。

表 1-4 特殊情形扣分标准

扣分项目	分值	评分标准	组长评分
电路短路	-30	工作过程中出现电路短路，扣30分	
安全事故	-10	在完成工作任务的过程中，因违反安全操作规程使自己或他人受到伤害的，扣10分	
设备损坏	-5	损坏实训设备，视情节扣1～5分	
实训台整理	-5	存在污染环境、工作台上工具摆放不整齐等不符合职业规范的行为，视情节扣1～5分	
小计（此项最高分0分，最低-50分）			

任务二 YL-236型单片机实训平台的使用

任务要求

利用 YL-236 型单片机实训平台搭建图 1-5 所示的单片机控制灯光系统电路，并完成如下测试（提供测试程序）要求。

1）系统加电，小灯初始化，所有小灯维持熄灭状态3s。

2）3s后8只小灯以1s时间间隔自左至右依次点亮，第8只小灯点亮1s之后，所有小灯全部熄灭，3s后所有小灯全部点亮。至此，完成测试。

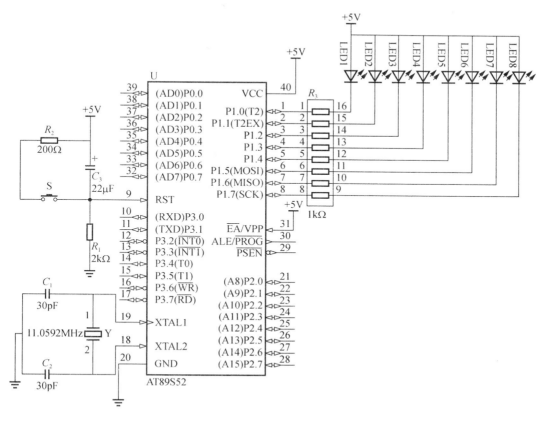

图 1-5 单片机控制灯光系统电路

任务准备

一、YL-236 型单片机实训平台简介

学习单片机原理与编程的最有效方法是理实一体，以项目实施为核心，理论学习为技能操作服务。因此，学习之前应该准备一套单片机硬件实训设备。本书选择亚龙科技集团开发的 YL-236 型单片机实训平台作为硬件实训设备，该平台的整体效果如图 1-6 所示。

YL-236 型单片机实训平台采用实训桌加功能模块的结构设计，模块采用标准结构，可根据需要移动布局。模块的输入、输出、数据转换接口以电子连接线插孔或插针的形式引出，每个模块都具有两种接线方式，连接过程方便快捷。插孔用于电子连接线连接，遇到 8 位数据总线时还可以用杜邦线排线连接。对于具有干扰性质的元器件，全部采用光电隔离装置隔离，确保系统的安全稳定。

YL-236 型单片机实训平台的功能模块主要包括主机模块、仿真器模块、电源模块、显示模块、继电器模块、指令模块、ADC/DAC 模块、交直流电动机控制模块、步进电动机控制模块、传感器配接模块、扩展模块、温度传感器模块、智能物料搬运装置等。

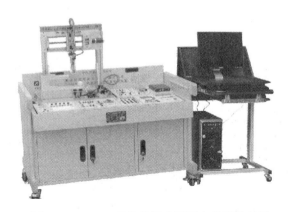

图 1-6　YL-236 型单片机实训平台的整体效果

1. 主机模块

主机模块实物图如图 1-7 所示。单片机芯片采用由 Atmel 公司生产的经典单片机 AT89S52。模块上设置有串行通信接口，该接口已经加入升压电路，可以直接与计算机通信，飞利浦单片机和宏晶单片机也可以通过此口进行程序下载。复位电路采用加电复位和手动复位混合设计，按下复位按键，可以直接进行复位操作。模块上还设有有源蜂鸣器驱动电路，为此电器提供固定电平就可以发出声响。主机与计算机采用流行的通用串行总线（universal serial bus，USB）接口。

2. 仿真器模块

仿真器模块实物图如图 1-8 所示。该模块配备高性能单片机仿真器，可以全功能仿真 51 单片机，也可以进行软件仿真。该模块由中国自主研发，可以很好地支持中文及关键字提示，具有自动完成符号配对等功能。另外，其支持 64KB 程序地址断点、64KB 源程序有效行断点和 64KB 临时断点，单片机内部寄存器状态一目了然。

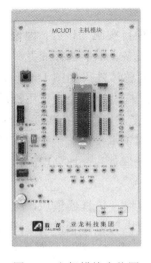

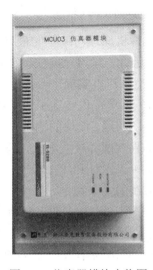

图 1-7　主机模块实物图　　　　　　　　图 1-8　仿真器模块实物图

3. 电源模块

电源模块实物图如图 1-9 所示。该模块采用线性电源和开关电源两种电源。单片机芯片等采用线性电源供电，可以有效减少电源干扰引起的程序错误。电动机等大功率元器件采用开关电源供电，确保提供足够的电压。电源采用漏电保护开关作为总控制开关，安全可靠；用船形开关单独控制低压电，市电与低压电分开控制。该模块共有 3 组相互独立的低压电源，其中两组为正负双电源输出。面板上放置一个交流（AC）220V 输出插板，可以同时连接 3 个仪器仪表。其中每组电源都有熔丝作为过载保护。

4. 显示模块

显示模块实物图如图 1-10 所示。该模块配置 LED（8 只）、8 位数码管动态显示屏、16×32 点阵显示器、字符型液晶显示器（LCD1602）、128×64 图形液晶显示器，单片机常用的显示元器件全部包含在内，可以根据需要选择任何一种显示方案。

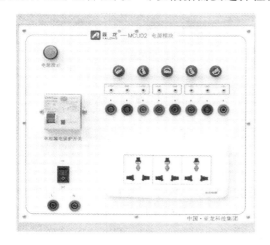

图 1-9 电源模块实物图

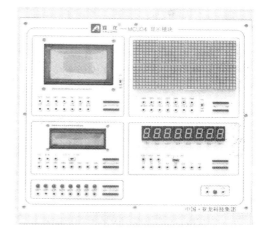

图 1-10 显示模块实物图

5. 继电器模块

继电器模块实物图如图 1-11 所示，该模块共有 6 路继电器，每个继电器的开关触点全部引出，并明确标示。每个继电器还设有工作指示灯，哪一路继电器在通电工作一目了然。6 路继电器中有两组为 AC220V 控制的继电器，可以控制交流电动机的正、反转及停止，通过转换头可以连接电子连接线；另外 4 组为电子连接线座输出。继电器触点容量为 AC 250V/6A、DC28V/12A。

6. 指令模块

指令模块实物图如图 1-12 所示。该模块放置了单片机常用的输入元件，其中有 8 个独立键盘接口、8 路 8 位开关量输入、4×4 矩形键盘接口，可以满足从基础到高级，从简单到复杂的实训要求。如果用户需要更多的按键或需要更为复杂的设计，则可以利用该模块的 PS2 键盘鼠标接口进行扩展。

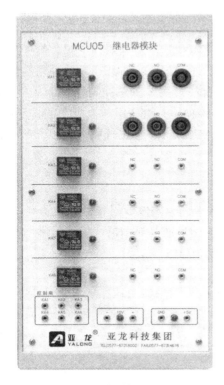

图 1-11　继电器模块实物图

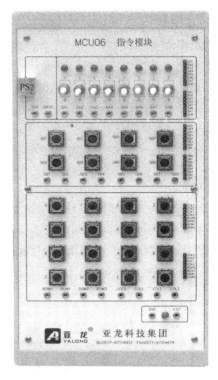

图 1-12　指令模块实物图

7. ADC/DAC 模块

ADC/DAC 模块上设计了两种转换芯片 ADC0809 和 DAC0832。为了便于调试程序和硬件，该模块集成了 3 个功能子模块：0～5V 模拟电压输出、8 等级 LED 电平指示器和有源时钟发生器。ADC0809 实验时可以用有源时钟发生器作为芯片的时钟，可以用 0～5V 模拟电压输出作为模拟量，8 等级 LED 电平指示器用于模拟量大小的指示；DAC0832 实验时，可以将芯片的输出端接在 8 等级 LED 电平指示器上，转换结果是否正常一目了然。

8. 交直流电动机控制模块

交直流电动机控制模块可以完成两种电动机的控制实验，分别是 24V 直流减速电动机和 220V 交流减速电动机。每种电动机的转盘下面放有光电开关计数器，可以用单片机感知其位置和转动的圈数。每个电动机控制线路中设有超程保护输入接口，在与水平移动装置组合实验时可以有效保护电动机和机构的安全。

9. 步进电动机控制模块

步进电动机控制模块设有 24V 两相步进电动机和大功率步进电动机驱动器。该模块改变了电动机的轴转式运行方式，采用了一个水平移动机构，该机构可以把电动机的旋转改为水平直线运动，并用铝直尺的刻度指示。该模块还可以用来做闭环控制的实验项目，这是因为在运动机构上装有感知距离的闭环元件。另外，该模块具有超程保护电路，当机构处于程序不可知的状态时，超程保护电路可自动关闭电动机电源，避免机构超程损坏。该模块在直线运动机构上设置了左右限位输出端子，供单片机查询状态。

10. 传感器配接模块

传感器配接模块是专为传感器的配接和电气隔离而设计的电路单元。该单元共有两组16路光电隔离I/O接口，每个光电隔离I/O接口均可仿可编程逻辑控制器（programmable logic controller，PLC）与24V电源供电的传感器连接，并配有4路传感器转换接口用于工业传感器的连接。

11. 扩展模块

因为82C55芯片的控制方式仍有学习价值，目前在许多教材中仍有它的身影，YL-236型单片机实训平台的扩展模块设有82C55芯片能满足实训的需求；82C55芯片的3个接口全部引出，可以用电子连接线连接，也可以用排线连接。控制端与数据通信接口安排在一起，整体布局美观大方。该模块另设有一片74LS245芯片，可以用来与82C55芯片组合完成不同的实验功能。

12. 温度传感器模块

温度传感器模块配备两种温度传感器：数字量温度传感器18B20和模拟量温度传感器LM35。LM35中加有运算放大器，可以提高测量精度。每种传感器都有透明外壳加固保护，内有大功率加热电阻、加热指示器等，可以用来做恒温控制、温控器等实验。

13. 智能物料搬运装置

智能物料搬运装置配置双轴机器人作为装配的执行机构，具有X轴、Y轴两个方向的执行能力，可完成智能抓取物料、放料等操作；配置有行程开关、光电传感器、光纤传感器等，可确保各执行器的准确定位；超出最大行程时，具有硬件自动保护功能，确保系统安全及人身安全。本装置为通用的模块化多功能装置，各功能接口完全开放，可以通过不同的接线来完成各种不同的功能，为学生的创新设计提供了广阔的发挥空间。

二、单片机系统电路的搭建

在YL-236型单片机实训平台上搭建电路是指选取需要的功能模块，并按照电路原理图使用电子连接线连接电路。根据功能模块提供的接口类型，电子连接线可分为单根公口连接线和8根母口排线。一般来说，数据信号线使用8根母口排线连接，其他导线使用单根公口连接线连接。根据在单片机电路中传输信号的类型，电子连接线可分为电源线和数据线。每一块功能模块的下边缘处都会有标号为"+5V"和"GND"的接线插孔，称为电源线接线端子，其他接口均可称为数据线接线端子。通常电源线正极使用红色电子连接线，电源线负极使用黑色电子连接线，数据线使用其他颜色电子连接线。

在搭建单片机系统电路前应确保电源总开关关闭，以防止电子连接线之间不小心接触引起电源短路，以及带电插拔电子连接线造成单片机接口损坏。在搭建单片机系统电路时，应按照"走线最短"原则进行模块布局，相关模块排布在YL-236型单片机实训平台的模块轨道上。确定好模块位置后，先连接各模块的电源线，再沿信号流向连接数据线。在连接电子连接线时，同一接线端子上的电子连接线不得超过2根。连线结束时，应对照电路原理图再次核对是否有漏接、错接，确认无误后使用塑料绑线分别整理电源线和数据线。

三、单片机程序下载

YL-236 型单片机实训平台使用 YL-ISP 在线下载器在线下载程序，操作步骤如下。

1）连接 YL-ISP 在线下载器，将在线下载器的排线与主机模块的 ISP 下载接口相连，并将在线下载器的 USB 接口与计算机的 USB 接口相连。

2）启动 YL-ISP 在线下载器程序，进入图 1-13 所示的工作界面。该程序启动后会自动检测下载器的连接状态，并在工作界面最下面的信息输出列表框中反馈是否检测到下载器。

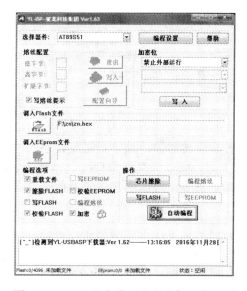

图 1-13　YL-ISP 在线下载程序的工作界面

3）单击"选择器件"下拉按钮，在打开的下拉列表框中选择需要的芯片型号，如图 1-14 所示。

4）单击"调入 Flash 文件"栏下的文件夹图标调入可执行文件，在弹出的如图 1-15 所示的"打开"对话框中单击"查找范围"下拉按钮，设置查找范围，查找扩展名为".hex"的可执行文件，双击该文件，文件会自动加载。

图 1-14　选择器件

图 1-15　加载可执行文件

5）单击"自动编程"按钮写入程序，写入成功后信息输出列表框中会反馈"操作成功"字样，如图 1-16 所示。

图 1-16 程序写入

任务实施

一、硬件电路搭建

分析图 1-5 所示的单片机控制灯光系统电路，在 YL-236 型单片机实训平台上选取主机模块、电源模块和显示模块，搭建单片机控制灯光系统测试电路。

1. 模块选择

本任务所需要的模块具体如表 1-5 所示。

表 1-5 本任务所需要的模块

编号	模块代码	模块名称	模块接口
1	MCU01	主机模块	+5V、GND、P1
2	MCU02	电源模块	+5V、GND
3	MCU04	显示模块	+5V、GND、LED1～LED8

2. 工具和器材

本任务所需要的工具和器材如表 1-6 所示。

表 1-6 工具和器材

编号	名称	型号及规格	数量	备注
1	数字万用表	MY-60	1 台	专配
2	斜口钳		1 把	专配
3	电子连接线	50cm	20 根	红色、黑色线各 3 根；其他颜色线 14 根
4	塑料绑线		若干	

3. 电路搭建

根据图 1-5，结合 YL-236 型单片机实训平台主机模块和显示模块，绘制图 1-17 所示的电路接线图。

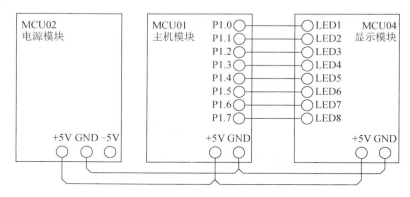

图 1-17　单片机控制灯光系统电路接线图

电路的搭建要求安全、规范，具体按以下步骤进行。

1）搭建电路前应确保电源总开关关闭。

2）将选好的模块按照"走线最短"原则排布在 YL-236 型单片机实训平台的模块轨道上。

3）连接电源线，用红色电子连接线将各模块的+5V 端连接起来，用黑色电子连接线将各模块的 GND 端连接起来，并保证同一接线端子的电子连接线不超过 2 根。

4）连接数据线，用除红色和黑色外的其他颜色电子连接线作为数据线，将主机模块的 P1 口和显示模块的 LED0～LED7 端连接起来。

二、程序代码编写、编译

用于测试的可执行文件由教师提供，这里涉及的 Keil μVision4 编程软件将在本项目的任务四中具体介绍。

1）启动 Keil μVision4 编程软件，新建工程、文件并均以"LED"为名保存在 F:\test\LED 文件夹中。

2）在 LED.c 文件的文本编辑窗口中输入程序代码，测试程序代码如下：

```
01.  #include <reg51.h>
02.  #define uchar unsigned char
03.  #define uint unsigned int
04.  void delay(uint ms)
05.  {
06.      uint i;
07.      uchar j;
08.      for(i=0;i<ms;i++)
09.          for(j=0;j<115;j++);
10.  }
11.  void main()
```

```
12.  {
13.      uchar a;
14.      P1=0xFF;
15.      delay(3000);
16.      for(a=0;a<8;a++)
17.      {
18.          P1=P1<<1;
19.          delay(1000);
20.      }
21.      P1=0xFF;
22.      delay(3000);
23.      P1=0x00;
24.      while(1);
25.  }
```

3）编译源程序，排除程序输入错误，生成 LED.hex 文件。

三、系统调试

系统调试的步骤如下。

1）使用程序下载专配 USB 线将计算机的 USB 接口与单片机主机模块程序下载接口连接起来。

2）打开电源总开关，启动程序下载软件，下载可执行文件至单片机中。

3）观察 LED，若实现任务要求，则系统调试完成；否则，需要进行故障排除。在进行故障排除时需要具体问题具体分析。单片机系统的故障排除主要从硬件和程序两个方面考虑，按照"先硬件后程序"的原则逐一排查。

任务评价

一、工艺性评分标准

工艺性评分标准如表 1-7 所示。

表 1-7　工艺性评分标准

评分项目	分值	评分标准	自我评分	组长评分
模块导线 连接工艺 （20 分）	3	模块选择多于或少于任务要求的，每项扣 1 分，扣完为止		
	3	模块布置不合理，每个模块扣 1 分，扣完为止		
	3	电源线和数据线进行颜色区分，导线选择不合理，每处扣 1 分，扣完为止		
	5	导线走线不合理，每处扣 1 分，扣完为止		
	3	导线整理不美观，扣除 1~3 分		
	3	导线连接不牢，同一接线端子上连接多于 2 根的，每处扣 1 分，扣完为止		
小计（此项满分 20 分，最低 0 分）				

二、功能评分标准

功能评分标准如表 1-8 所示。

表 1-8　功能评分标准

项目	评分项目	分值		评分标准	自我评分	组长评分
提交	电路搭建	70	40	电路搭建一次性正确得 40 分，否则组长每指导一次扣 10 分，扣完为止		
	程序加载		30	组长评分前能正确将程序下载在芯片中得 30 分，否则组长每指导一次扣 10 分，扣完为止		
基本任务	电源总开关控制	10	5	组长评分前电源总开关关闭得 5 分		
	调试		5	听到组长"开始调试"指令后，打开电源总开关，灯光系统按任务要求工作得 5 分		
小计（此项满分 80 分，最低 0 分）						

三、特殊情形扣分标准

特殊情形扣分标准如表 1-9 所示。

表 1-9　特殊情形扣分标准

扣分项目	分值	评分标准	组长评分
电路短路	-30	工作过程中出现电路短路扣 30 分	
安全事故	-10	在完成工作任务的过程中，因违反安全操作规程使自己或他人受到伤害的，扣 10 分	
设备损坏	-5	损坏实训设备，视情节扣 1～5 分	
实训台整理	-5	存在污染环境、工作台上工具摆放不整齐等不符合职业规范的行为，视情节扣 1～5 分	
小计（此项最高分 0 分，最低-50 分）			

任务三　Proteus 仿真软件的使用

任务要求

使用 Proteus 仿真平台搭建图 1-18 所示的基于单片机控制的 LED 闪烁电路，并加载给定程序进行仿真。

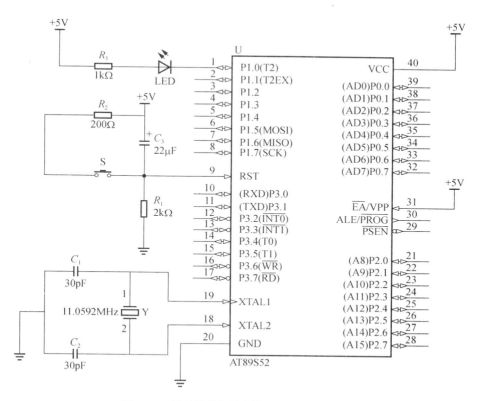

图 1-18　基于单片机控制的 LED 的闪烁电路

任务准备

一、Proteus 工作界面

安装好 Proteus 仿真软件后，双击桌面上的 ISIS 7 Professional 快捷方式图标或选择"开始"→"所有程序"→"Proteus 7 Professional"→"ISIS 7 Professional"命令，出现图 1-19 所示的启动界面，进入 Proteus 仿真集成环境。

图 1-19　Proteus 仿真软件启动界面

Proteus 仿真软件的工作界面采用标准的 Windows 界面，如图 1-20 所示。其工作界面包括标题栏、菜单栏、工具栏、对象选择按钮、仿真运行控制按钮、对象预览方向调整按钮、对象预览窗口、对象选择窗口、电路原理图编辑窗口。

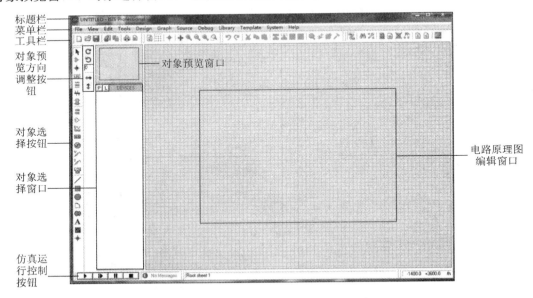

图 1-20　Proteus 仿真软件的工作界面

二、Proteus 基本操作

这里以小灯泡的开关控制为例来介绍 Proteus 仿真软件的基本操作，其电路原理图如图 1-21 所示。

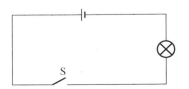

图 1-21　小灯泡开关控制的电路原理图

1. 查找、添加元器件

如图 1-22 所示，在对象选择按钮中单击"Component Mode"按钮，再单击"P"按钮（Pick from Libraries），弹出"Pick Devices"对话框，在"Keywords"文本框中输入开关的代码"sw-spst"，系统会自动搜索元件库并将搜索结果显示在"Results"列表框中，浏览"Results"列表框找到需要的元器件，双击元器件即可将该元器件添加到对象选择窗口，添加后的效果如图 1-23 所示。

接着用相同的方法查找、添加其他元器件。注意，在"Keywords"文本框中分别输入"lamp""battery"查找小灯泡和电池组。添加完所有元器件后单击"OK"按钮结束对象选择。

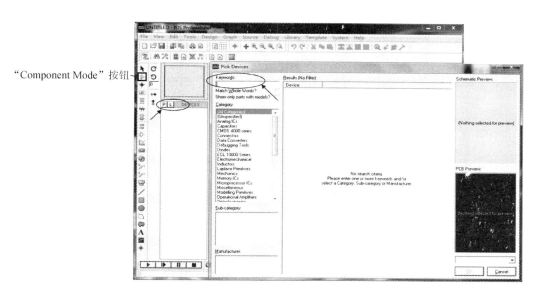

"Component Mode"按钮

图 1-22 Proteus 元器件查找、添加界面

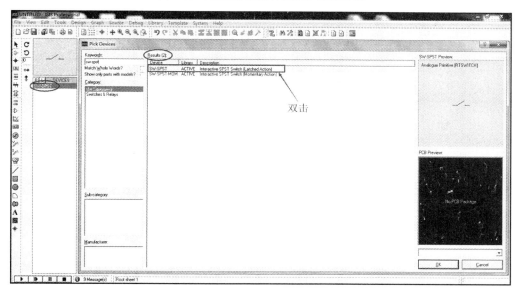

双击

图 1-23 Proteus 添加元器件至对象选择窗口效果图

此时，所有需要的元器件（开关、小灯泡和电池组）都已经放在对象选择窗口中。在对象选择窗口中单击元器件即可在对象预览窗口预览相关元器件，如图 1-24 所示。

2. 放置元器件

放置元器件之前，可以对元器件的方向进行调整。其具体操作为选中想要调整方向的元器件，使用对象预览方向调整按钮进行调整。Proteus 仿真软件提供顺时针旋转 90°、逆时针旋转 90°、X 轴镜像和 Y 轴镜像 4 种方向调整方式，用户可根据需要选择。图 1-25 所示为电池组顺时针旋转 90° 的前后效果对比图。

点，单击并拖动鼠标开始画线；当鼠标指针靠近另一个元器件的引脚时，鼠标指针处会出现一个红色虚线框，表明找到了连接点，此时，单击即可完成一条连线。另外，在连线过程中可用单击的方法来手动选择连线路径。按照相同方法完成所有连线，绘制图 1-29 所示的 Proteus 仿真原理图。

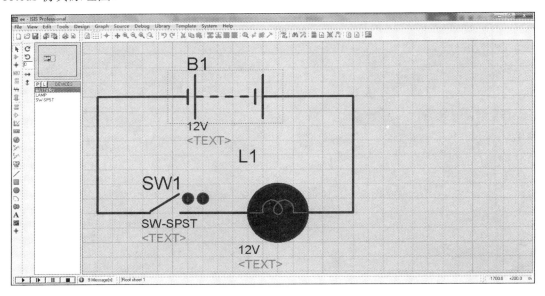

图 1-29　Proteus 仿真原理图

5. 仿真运行

在进行模拟电路、数字电路仿真时，单击"仿真运行"按钮，按钮颜色由黑色变为深绿色，即可开始仿真。本任务开始仿真后闭合开关 SW1，小灯泡发光，如图 1-30 所示。

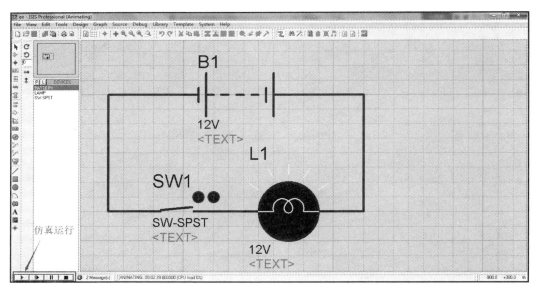

图 1-30　Proteus 仿真效果图

✐ 任务实施

一、查找、添加元器件

启动 Proteus 仿真软件，查找、添加图 1-18 涉及的所有元器件。其中，由于 Proteus 仿真元件库未提供"AT89S52 单片机"，因此本书在仿真时均使用"AT89C52 单片机"代替，其他元器件代码可参考相关使用手册。

二、放置元器件

将对象选择窗口中的元器件进行初步方向调整，调整完成后将其放置到电路原理图编辑窗口的适当位置。

三、电路布局

通过元器件的移动、调整进行电路布局。

四、放置电源

电路中除了电子元器件之外还涉及+5V 电源和接地，可利用 Proteus 仿真软件提供的接线端子选择功能进行选择，具体方法为单击"Terminals Mode"按钮，在对象选择窗口中将出现图 1-31 所示的接线端。其中，"POWER"是电源符号，"GROUND"是接地符号，与放置元器件的方法一样，可以把电源符号、接地符号放到电路原理图编辑窗口中适当的位置。

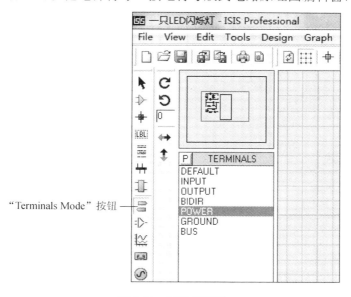

图 1-31　接线端符号

五、元器件属性编辑

元器件的文本属性可以通过"Edit Component"对话框进行编辑。右击选中要编辑属性的元器件，再单击该元器件，即可弹出"Edit Component"对话框。如图 1-32 所示为电阻的

表 1-10　工艺性评分标准

评分项目	分值	评分标准	自我评分	组长评分
元器件导线连接工艺（70分）	30	元器件选择多于或少于任务要求的，每项扣5分，扣完为止		
	15	元器件布局不合理，每处扣5分，扣完为止		
	15	元器件编号不正确，每处扣2分，扣完为止		
	10	导线走线不合理、不美观，每处扣1分，扣完为止		
小计（此项满分70分，最低0分）				

二、功能评分标准

功能评分标准如表 1-11 所示。

表 1-11　功能评分标准

项目	评分项目	分值	评分标准	自我评分	组长评分
提交	程序加载	20	能一次性正确完成程序加载得20分，否则组长每指导一次扣10分，扣完为止		
	仿真运行	10	能一次性仿真成功得10分，否则组长每指导一次扣5分，扣完为止		
小计（此项满分30分，最低0分）					

任务四　Keil μVision4 的使用

任务要求

使用 Keil μVision4 集成开发软件编辑本项目任务二的参考程序，生成单片机可执行的十六进制文件，并利用本项目任务二的电路验证程序。

任务准备

一、Keil μVision4 编程环境简介

安装好 Keil μVision4 软件后，双击桌面上的 Keil μVision4 快捷方式图标或选择"开始"→"所有程序"→"Keil μVision4"命令，打开图 1-36 所示的启动界面，进入 Keil μVision4 运行环境。

Keil μVision4 软件的工作界面采用标准的 Windows 界面，如图 1-37 所示。该软件的工作界面包括标题栏、菜单栏、工具栏、工程管理窗口、程序文件窗口、信息输出窗口。

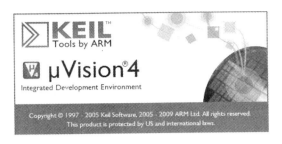

图 1-36　Keil μVision4 的启动界面

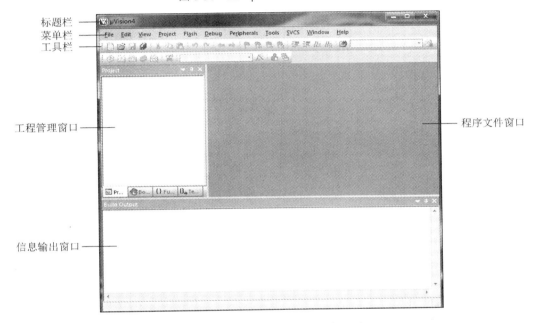

图 1-37　Keil μVision4 的工作界面

二、Keil μVision4 软件的基本操作

Keil μVision4 软件的基本操作主要包括新建工程、新建文件、加载文件、编写程序、编译程序等。

1. 新建工程

如图 1-38 所示，在 Keil μVision4 的工作界面中选择 "Project" → "New μVision Project" 命令，弹出 "Create New Project" 对话框，如图 1-39 所示，选择保存路径，输入工程文件名并单击 "保存" 按钮进行保存。通常为了便于管理，将同一个工程所有相关文件全部存放在一个独立的文件夹下。例如，新建一个名为 "first_project" 的工程并保存在 "E:\MCU51\first_project" 路径下，如图 1-40 所示。

单击 "保存" 按钮后，弹出 "Select Device for Target 'Target1'" 对话框，如图 1-41 所示，在其中可进行 CPU 的选择。CPU 选择是指用户根据实际使用的单片机进行单片机型号的选择，Keil μVision4 软件以单片机生产厂家对各种单片机芯片进行分类，因此应该按照先

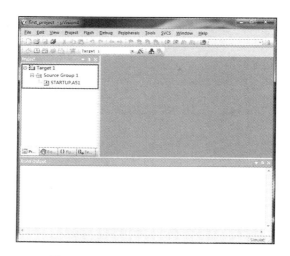

图 1-44 加入启动码程序的工作界面

2. 新建文件

如图 1-45 所示，在 Keil μVision4 软件的工作界面选择"File"→"New"命令，此时在程序文件窗口中会新建一个名为"Text1"的文本文件。在 Keil μVision4 的工作界面选择"File"→"Save"命令，弹出图 1-46 所示的"Save As"对话框。此对话框的保存路径默认为新建工程的保存路径，一般不需要更改。输入新建文件的文件名时，如果采用汇编语言编程，则文件的扩展名为".asm"；如果采用 C 语言编程，则文件的扩展名为".c"。例如，输入"first_program.c"，单击"保存"按钮，完成文件保存。此时，工作界面中程序文件窗口的文件名变为"first_program.c"，如图 1-47 所示。

至此，新建文件完成。

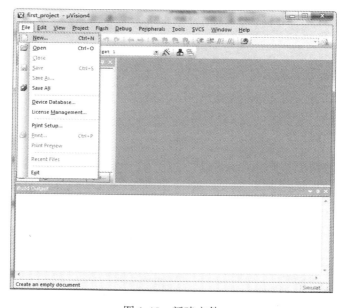

图 1-45 新建文件

图 1-46 "Save As" 对话框

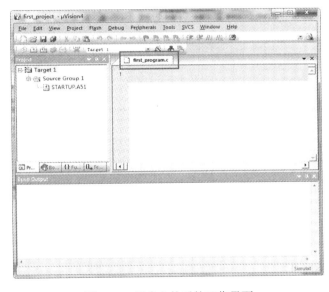

图 1-47 新建文件后的工作界面

3. 加载文件

观察图 1-47 所示工作界面的工程管理窗口，会发现文件 "first_program.c" 并没有在工程中，这时需要将文件加载到工程中。加载文件的步骤如下：如图 1-48 所示，右击 "Source Group1" 节点，在弹出的快捷菜单中选择 "Add Files to Group 'Source Group1'" 命令，弹出 "Add Files to Group 'Source Group1'" 对话框，如图 1-49 所示。如果加载的文件是新建文件，则查找范围一般默认为保存工程文件的文件夹。例如，在该对话框中单击 "first_program.c"，"文件名" 文本框会自动出现加载文件的文件名 "first_program"，单击 "Add" 按钮完成文件添加，单击 "Close" 按钮退出该对话框。此时，工程管理窗口的 Source Group1 文件夹下出现 first_program.c 文件，说明文件加载成功，如图 1-50 所示。

图 1-53　"Output" 选项卡

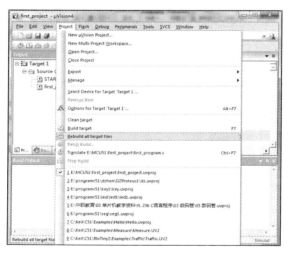

图 1-54　程序编译操作示意图

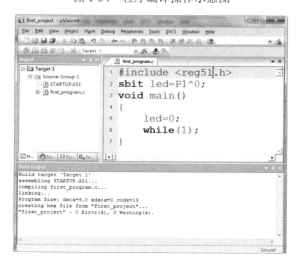

图 1-55　程序编译后的工作界面

任务实施

一、硬件电路搭建

硬件电路使用本项目任务二搭建的电路，电路的搭建过程可参考本项目的任务二，这里不再赘述。

二、程序代码编写、编译

1. 新建工程

1）新建文件夹，在实训室指定路径下新建文件夹并命名，如 F:\test\LED。

2）启动 Keil μVision4 软件，选择"Project"→"New μVision Project"命令，选择保存工程文件的文件夹为"F:\test\LED"，输入工程文件名，如"LED"，单击"保存"按钮。

3）选择 CPU，在 CPU 选择界面选择 Atmel 公司生产的 AT89S52 单片机。

4）选择是否添加启动代码，这里不使用系统提供的启动程序代码，因此单击"否"按钮。

2. 新建文件

1）新建文件，选择"File"→"New"命令，系统会自动新建一个名为"Text1"的文本文件。

2）保存文件，选择"File"→"Save"命令，在弹出的"Save As"对话框中选择保存程序文件的保存路径，默认为保存在文件夹 F:\test\LED 中，这里不需要更改，输入程序文件名，如"LED.c"，单击"保存"按钮。

3. 加载文件

1）在工程管理窗口，右击"Source Group1"节点，在弹出的快捷菜单中选择"Add Files to Group'Source Group1'"命令，弹出"Add Files to Group'Source Group1'"对话框。

2）在"查找范围"下拉列表框中选择程序文件的保存路径，一般默认为保存工程文件的路径，在文件列表框中会有第 2 步新建的程序文件"LED.c"，双击该文件即可添加。

4. 输入程序

在程序文件的编辑界面输入本项目任务二中提供的参考程序代码。

5. 编译程序

1）选择"Project"→"Options for Target'Target1'"命令，弹出"Options for Target'Target1'"对话框，选择"Output"选项卡，选中"Create HEX File"复选框，单击"OK"按钮。

2）选择"Project"→"Rebuild all target files"命令，完成程序的编译。编译后，信息输出窗口显示"0 Errors（s），0 Warning（s）"表示编译成功。

三、系统调试

系统调试的步骤如下。

1）使用程序下载专配 USB 线将计算机的 USB 接口与单片机主机模块程序下载接口连接起来。打开电源总开关，启动程序下载软件，下载可执行文件至单片机中。

2）观察 LED，若实现本项目任务二的要求，则系统调试完成；否则，需要进行故障排除。故障排除时需要具体问题具体分析，单片机系统的故障排除主要从硬件和程序两个方面考虑，按照"先硬件后程序"的原则逐一排查。

任务评价

一、工艺性评分标准

工艺性评分标准如表 1-12 所示。

表 1-12　工艺性评分标准

评分项目	分值	评分标准	自我评分	组长评分
模块导线连接工艺	3	模块选择多于或少于任务要求的，每项扣 1 分，扣完为止		
	3	模块布置不合理，每处扣 1 分，扣完为止		
	3	电源线和数据线进行颜色区分，导线选择不合理，每处扣 1 分，扣完为止		
	5	导线走线不合理，每处扣 1 分，扣完为止		
	3	导线整理不美观，扣除 1～3 分		
	3	导线连接不牢，同一接线端子上连接导线多于 2 根的，每处扣 1 分，扣完为止		
小计（此项满分 20 分，最低 0 分）				

二、功能评分标准

功能评分标准如表 1-13 所示。

表 1-13　功能评分标准

项目	评分项目	分值		评分标准	自我评分	组长评分
提交	程序存储	10	6	程序存放在指定位置且格式正确得 6 分		
	程序加载		4	组长评分前能正确将程序下载在芯片中得 4 分		
过程考核	新建工程	60	20	过程正确得 20 分，错误一步扣 5 分		
	新建文件		10	过程正确得 10 分，错误一步扣 5 分		
	加载文件		10	过程正确得 10 分，错误一步扣 5 分		
	代码输入		10	输入正确得 10 分，错误一处扣 2 分		
	编译		10	过程正确得 10 分，错误一步扣 5 分		
调试	电源总开关控制	10	5	组长评分前电源总开关关闭得 5 分		
	观察任务效果		5	听到组长"开始调试"指令后，打开电源总开关，灯光系统按任务要求工作得 5 分		
小计（此项满分 80 分，最低 0 分）						

三、特殊情形扣分标准

特殊情形扣分标准如表 1-14 所示。

表 1-14 特殊情形扣分标准

扣分项目	分值	评分标准	组长评分
电路短路	-30	工作过程中出现电路短路，扣 30 分	
安全事故	-10	在完成工作任务的过程中，因违反安全操作规程使自己或他人受到伤害的，扣 10 分	
设备损坏	-5	损坏实训设备，视情节扣 1~5 分	
实训台整理	-5	存在污染环境、工作台上工具摆放不整齐等不符合职业规范的行为，视情节扣 1~5 分	
小计（此项最高分 0 分，最低-50 分）			

LED 指示灯设计

任务一　LED 的点亮

任务要求

使用单片机的一位 I/O 接口控制一只 LED，要求系统加电，LED 点亮；系统断电，LED 熄灭。

任务准备

一、电路设计

1. LED 的发光条件

LED 是发光二极管的英文缩写，作为电子设备的光源或信号指示灯在电子设备中广泛应用。LED 是半导体二极管的一种，具有单向导电性。在 LED 上加 1.2～2.5V 的正向电压，即可导通点亮；在 LED 上加不超过 5V 的反向电压，即可截止熄灭。LED 的亮度取决于其中流过的电流，当电流在 3～10mA 的范围内变化时，LED 的亮度与电流大小成正比例关系。

2. LED 与单片机的接口设计

LED 与单片机的接口电路有两种，如图 2-1 所示。其中，R_3 为限流电阻，其阻值视所选 LED 参数及限流大小而定，一般取 1kΩ左右。

在图 2-1（a）所示电路中，LED 的阳极通过限流电阻接到电源正极，其阴极与单片机的一个 I/O 接口相连，当单片机的 I/O 接口输出低电平时，LED 点亮。

在图 2-1（b）所示电路中，LED 的阳极与单片机的一个 I/O 接口相连，其阴极通过限流电阻接到接地端，当单片机的 I/O 接口输出高电平时，LED 点亮。

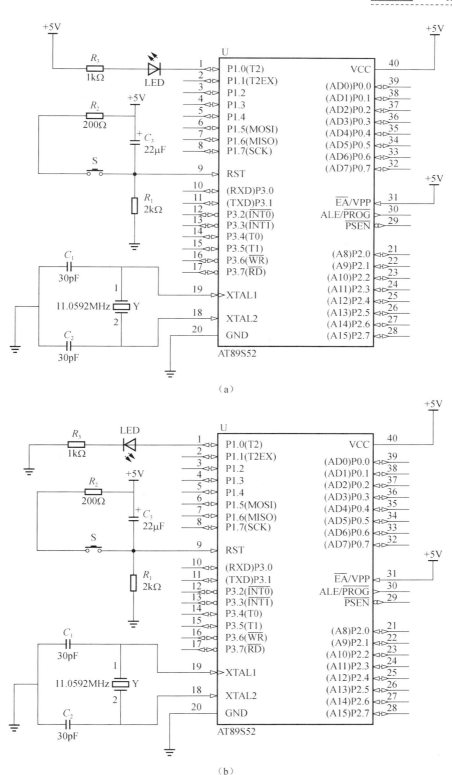

图 2-1 LED 与单片机的接口电路

二、程序设计

C 语言程序的设计就是函数的设计，一个 C 语言程序通常有一个主函数和若干子函数。函数就是把具备一定功能的若干条语句定义成一个群组并命名，便于阅读、修改、调用和移植。本任务程序设计的核心是单片机一位 I/O 接口的输出控制，程序代码如下：

```
01.   #include <reg52.h>
02.   sbit led=P1^0;
03.   void main()
04.   {
05.      led=0;
06.      while(1);
07.   }
```

下面对这段程序进行逐行解读。

1. #include 预处理命令

#include 预处理命令的功能是包含指定文件，将指定文件的内容引入当前文件，一般放在 C 语言程序的开头，其格式如下：

```
#include <文件名.h>
```

使用#include 预处理命令有利于程序的模块化设计，将常用的语句做成文件，在编写其他程序而需要用到这些语句时，只要将该文件包含进来即可。例如，本任务程序第 1 行的"#include <reg52.h>"预处理命令，将名为"reg52.h"的文件引入当前文件，为第 2 行出现的"P1"寻找定义出处。在 Keil μVision4 软件中，右击"reg52.h"文件名，在弹出的快捷菜单中选择"Open document<reg52.h>"命令，可以查看文件内容，如图 2-2 所示。

```
001  /*-----------------------------------------------------
002  REG52.H
003
004  Header file for generic 80C52 and 80C32 microcontroller.
005  Copyright (c) 1988-2002 Keil Elektronik GmbH and Keil Software, Inc.
006  All rights reserved.
007  -----------------------------------------------------*/
008
009  #ifndef __REG52_H__
010  #define __REG52_H__
011
012  /*  BYTE Registers  */
013  sfr P0    = 0x80;
014  sfr P1    = 0x90;
015  sfr P2    = 0xA0;
016  sfr P3    = 0xB0;
017  sfr PSW   = 0xD0;
018  sfr ACC   = 0xE0;
019  sfr B     = 0xF0;
020  sfr SP    = 0x81;
021  sfr DPL   = 0x82;
022  sfr DPH   = 0x83;
```

图 2-2　"reg52.h"文件内容

2. SFR 位变量

单片机程序处理的数据对象有两种，即常量和变量。常量是指不接受程序修改的固定值，而变量是可以被程序修改的数据量。另外，程序中的常量和变量在使用前必须说明其数据类型。

sbit 是定义 SFR 位变量的关键字，其一般格式如下：

```
sbit 位变量名=SFR 位地址;
```

其中，位变量名为自定义变量名称，SFR 位地址通常以 "SFR 名称^位偏移量" 的形式给出。例如，本任务程序第 2 行语句 "sbit led=P1^0;" 的功能是定义位变量 led 为 SFRP1 口的第一位。

3. 主函数

C 语言的主函数是一个名为 main 的函数，又称 main 函数，格式如下：

```
void main(void)
{
    语句1;
    语句2;
    ……
    语句n;
}
```

C 语言主函数是程序的主体，也是程序的起点。程序的执行总是从主函数开始，完成对其他语句的执行或其他函数的调用后再返回主函数，最后在主函数处结束整个程序。一个程序有且仅有一个 main 函数。

本任务程序的主函数为第 3~7 行，包括两条语句，即第 5 行的赋值语句和第 6 行的无限循环语句。

4. 赋值语句

赋值语句是指由赋值运算符 "=" 将一个变量和一个表达式连接起来的语句，将赋值运算符右边的表达式赋值给左边的变量，其一般格式如下：

```
变量名称=表达式;
```

其中，表达式可以是一个常数，也可以是操作数和运算符组成的一个式子。例如，本任务程序第 5 行语句 "led=0;" 的功能是给前面定义的位变量 led 赋值 "0"。

5. while 语句

C 语言程序中，需要反复多次执行的操作使用循环语句实现。while 语句是常用循环语句之一，其一般格式如下：

```
while(表达式)
{
    语句1;
    语句2;
    ……
```

```
        语句 n;
    }
```

while 语句的特点是先判断表达式的值，再执行"{ }"循环体中的语句。当表达式的值为真时，执行大括号中的语句，之后再次判断表达式的值，直到表达式的值为假时结束循环。C 语言中一般认为"0"为假，"非 0"为真。另外，当 while 语句中只有一条语句时，大括号可以省略。

本任务程序第 6 行"while(1);"是 while 语句的一个经典应用，是一条无限循环语句，因为条件"1"永远为真。单片机执行这条语句不会引起任何实质性的改变，只是在不停地判断条件。本任务程序的主要语句是第 5 行的语句，单片机执行完该行后再无其他工作，如果不为其提供一个明确的程序执行去向，则单片机在运行过程中很可能出错。

任务实施

一、硬件电路搭建

按照电路原理图［图 2-1（a）］，在 YL-236 型单片机实训平台上选取适当的电路模块，搭建单片机控制一只 LED 点亮的硬件电路。

1. 模块选择

本任务所需要的模块如表 2-1 所示。

表 2-1 本任务所需要的模块

编号	模块代码	模块名称	模块接口
1	MCU01	主机模块	+5V、GND、P1.0
2	MCU02	电源模块	+5V、GND
3	MCU04	显示模块	+5V、GND、LED

2. 工具和器材

本任务所需要的工具和器材如表 2-2 所示。

表 2-2 本任务所需要的工具和器材

编号	名称	型号及规格	数量	备注
1	数字万用表	MY-60	1 台	专配
2	斜口钳		1 把	专配
3	电子连接线	50cm	5 根	红色、黑色线各 2 根，其他颜色线 1 根
4	塑料绑线		若干	

3. 电路搭建

根据图 2-1（a），使用电子连接线将 YL-236 型单片机实训平台的电源模块、主机模块和显示模块相关接口连接起来。电路的搭建要求安全、规范，具体步骤如下。

1）搭建电路前确保电源开关关闭。

2）将选好的模块按照"走线最短"原则排布在 YL-236 型单片机实训平台的模块轨道上。

3）连接电源线，用红色电子连接线将各模块的+5V 端连接起来，用黑色电子连接线将各模块的 GND 端连接起来，并保证同一接线端子的电子连接线不超过 2 根。

4）连接数据线，用除红色和黑色外的其他颜色电子连接线作为数据线，将主机模块的 P1.0 端和显示模块的 LED0 端连接起来。

二、程序代码编写、编译

程序代码编写、编译的步骤如下。

1）启动 Keil μVision4 软件，新建工程、文件并均以"LED"为名保存在 F:\×××（学生姓名拼音）\LED 文件夹中。

2）在 LED.c 文件的文本编辑窗口中输入设计好的程序代码。

3）编译源程序，排除程序输入错误，生成 LED.hex 文件。

三、系统调试

系统调试的步骤如下。

1）使用程序下载专配 USB 线将计算机的 USB 接口与单片机主机模块程序下载接口连接起来。

2）打开电源总开关，启动程序下载软件，将源程序编译正确后生成的可执行文件下载至单片机中。

3）观察 LED，若 LED 点亮且无闪烁现象，则系统调试完成。若 LED 没有点亮或亮度不够，则需要进行故障排除。故障排除时需要具体问题具体分析，单片机系统的故障排除主要从硬件和程序两个方面考虑，按照"先硬件后程序"的原则逐一排查。

任务评价

一、工艺性评分标准

工艺性评分标准如表 2-3 所示。

表 2-3　工艺性评分标准

评分项目	分值	评分标准	自我评分	组长评分
模块导线连接工艺（20 分）	3	模块选择多于或少于任务要求的，每项扣 1 分，扣完为止		
	3	模块布置不合理，每个模块扣 1 分，扣完为止		
	3	电源线和数据线进行颜色区分，导线选择不合理，每处扣 1 分，扣完为止		
	5	导线走线不合理，每处扣 1 分，扣完为止		
	3	导线整理不美观，扣除 1~3 分		
	3	导线连接不牢，同一接线端子上连接导线多于 2 根的，每处扣 1 分，扣完为止		
小计（此项满分 20 分，最低 0 分）				

二、功能评分标准

功能评分标准如表 2-4 所示。

表 2-4　功能评分标准

项目	评分项目	分值		评分标准	自我评分	组长评分
提交	程序存储	10	6	程序存放在指定位置且格式正确得 6 分		
	程序加载		4	组长评分前能正确将程序下载在芯片中得 4 分		
基本任务	电源总开关控制	70	5	组长评分前电源总开关关闭得 5 分		
	LED 点亮		65	打开电源总开关,LED 点亮且无闪烁得 65 分,否则组长每指导一次扣 10 分,扣完为止		
小计(此项满分 80 分,最低 0 分)						

三、特殊情形扣分标准

特殊情形扣分标准如表 2-5 所示。

表 2-5　特殊情形扣分标准

扣分项目	分值	评分标准	组长评分
电路短路	-30	工作过程中出现电路短路,扣 30 分	
安全事故	-10	在完成工作任务的过程中,因违反安全操作规程使自己或他人受到伤害的,扣 10 分	
设备损坏	-5	损坏实训设备,视情节扣 1～5 分	
实训台整理	-5	存在污染环境、工作台上工具摆放不整齐等不符合职业规范的行为,视情节扣 1～5 分	
小计(此项最高分 0 分,最低-50 分)			

任务二　LED 闪烁灯的制作

任务要求

使用单片机的一个 I/O 接口控制一只 LED,要求系统加电 LED 点亮,一段时间后 LED 自动熄灭,再过一段时间后 LED 再次点亮,依此循环,这样,LED 以一定的时间间隔反复点亮、熄灭,即制成了 LED 闪烁灯。

任务准备

一、电路设计

本任务的硬件电路是用单片机的一个 I/O 接口控制一只 LED,与本项目任务一的电路相同,具体电路如图 2-1(a)所示。

二、程序设计

在编程中，一段时间间隔通常是由单片机执行一段"无意义"的程序来实现的。本任务的程序设计较为简单，具体程序代码如下：

```
01.   #include <reg52.h>              //包含头文件 reg52.h
02.   #define uint unsigned int
03.   sbit led=P1^0;                  //定义 SFR 位变量 led
04.   void main()
05.   {
06.       uint i;                     //定义无符号整型变量 i
07.       while(1)
08.       {
09.           led1=0;                 //点亮 LED
10.           i=50000;                //延时一段时间
11.           while(i--);
12.           led1=1;                 //熄灭 LED
13.           i=50000;                //延时一段时间
14.           while(i--);
15.       }
16.   }
```

下面对本程序涉及的新指令进行逐行解读。

1. #define 宏定义指令

#define 宏定义指令用于自定义一个"宏名"作为标识符，以代替一些较为复杂的字符串，方便程序的编写、阅读和修改。在程序编译过程中遇到该标识符时，编译器均以定义的字符串的内容代替该标识符。#define 宏定义的一般格式如下：

    #define 标识符 字符串

其中，#define 是宏定义指令的关键字，标识符即自定义的宏名，字符串是需要被替换的对象。典型的宏定义指令示例如下：

    #define TURE 1
    #define FALSE 0
    #define uchar unsigned char

执行这些宏定义指令后，程序在编译的过程中，如果遇到 TURE，就用 1 代替；如果遇到 FALSE，就用 0 代替；如果遇到 uchar，就用 unsigned char 代替。

为了便于程序的阅读和修改，宏定义指令应该放在文件的开始处，而不是将其分散到整个程序中。如果宏定义指令较多，则可将其放到独立的文件中，并用#include 指令包含到当前文件中。另外，宏定义不是语句，所以不要在后面加分号，如果加了分号，程序编译时，会将分号作为字符串的一部分，从而一并进行替换。例如，本任务程序第 2 行，自定义了一个以"uint"为宏名的标识符，用来代替书写较为复杂的字符串"unsigned int"。

2. C 语言数据类型

单片机 C 语言有 void（空型）、char（字符型）、int（整型）和 float（浮点型）4 种基本数据类型。这 4 种基本数据类型除 void 外，其他 3 种还可以使用 signed（有符号的）、unsigned（无符号的）、short（短型的）和 long（长型的）4 种修饰符修饰，以适应各种数据类型的需求。单片机 C 语言中标准数据类型的关键字、字长及取值范围如表 2-6 所示。

表 2-6 单片机 C 语言中标准数据类型的关键字、字长及取值范围

类型	关键字	字长/bit	取值范围
字符型	char	8	ASCII 码中的字符
无符号字符型	unsigned char	8	0～255
有符号字符型	signed char	8	−128～+127
整型	int	16	−32768～+32767
无符号整型	unsigned int	16	0～65535
有符号整型	signed int	16	同 int
短整型	short int	8	−128～+127
无符号短整型	unsigned short int	8	0～255
有符号短整型	signed short int	8	同 short int
长整型	long int	32	−2147483648～+2147483649
有符号长整型	signed long int	32	−2147483648～+2147483649
无符号长整型	unsigned long int	32	0～4294967296
浮点型	float	32	-3.4×10^{38}～$+3.4 \times 10^{38}$

3. 变量的定义

变量在使用之前需要进行定义，其一般格式如下：

类型说明符 变量名；

其中，类型说明符使用 C 语言标准数据类型的关键字，变量名是自定义的某对象的名称，命名应遵循一定的规则。

本任务程序第 6 行"uint i;"定义了一个名为"i"的无符号整型变量。

4. main 函数程序功能分析

第 6 行：定义无符号整型变量 i，以便后面使用。

第 7～15 行：无限循环执行第 8～15 行，实现不断闪烁。其中，第 9 行点亮 LED；第 10～11 行为延时程序，使 LED 的点亮状态持续一段时间；第 12 行，熄灭 LED；第 13～14 行为延时程序，使 LED 的熄灭状态持续一段时间。

三、程序优化

本任务程序中两处用到延时程序，这段程序功能相同，语句重复，可以进行优化。在程

序设计过程中，程序设计人员可以把程序中多处重复使用的语句设计成子函数，主函数中需要的地方调用相关子函数即可。子函数的使用避免了程序代码重复输入，减轻了程序设计人员的工作负担，并且可以使程序的结构变得简单、清晰。

1. 子函数的定义

在 C 语言中子函数可分为无参数子函数和带参数子函数两种形式，其中，无参数子函数的一般格式如下：

```
函数类型标识符 子函数名()
{
    语句1;
    语句2;
    ......
    语句n;
}
```

函数类型标识符是子函数的类型，即函数返回值的类型，其可以是任何标准数据类型。多数情况下子函数没有返回值，类型标识符为 void。子函数名是用户自定义的函数的名称，该名称应该能够代表子函数的功能，同时符合函数的命名规则。例如，延时子函数一般命名为"Delay"。

本任务程序中实现延时功能的第 10～11 行代码可以定义成一个延时子函数，具体定义如下：

```
void delay(void)
{
    uint i=50000;
    While(i--);
}
```

带参数子函数的定义将在后续项目中讲解。

2. 子函数的声明

子函数在使用之前需要进行声明，子函数声明的一般格式如下：

```
函数类型标识符 子函数名();
```

子函数的声明一般放在程序开头，且声明的函数类型和子函数名必须与子函数定义中的函数类型和子函数名一致，以保证编译器能够对子函数进行概要浏览，子函数的完整定义一般在声明之后。当子函数在主函数之前定义时，可以不进行子函数的声明。但是，当出现多个子函数时，程序的位置安排比较烦琐，而且刻意的位置安排大大降低了程序的可读性。因此，建议在使用前对每一个子函数进行声明。

3. 子函数的调用

当主函数中用到子函数时，只需要在主函数中需要的位置写上子函数的名称即可。注意子函数名后面跟括号，表示这是一个子函数，同时括号后面加分号";"。

使用子函数优化后本任务的程序代码如下：

```
01.   #include <reg52.h>        //包含头文件 reg52.h
02.   #define uint unsigned int
03.   sbit led=P1^0;            //定义 SFR 位变量 led
04.   void delay();             //声明延时子函数
05.   void delay(void)          //定义延时子函数
06.   {
07.       uint  i=50000;
08.       While(i--);
09.   }
10.   void main()
11.   {
12.     while(1)
13.     {
14.        led1=0;              //点亮 LED
15.        delay();             //调用延时子函数
16.        led1=1;              //熄灭 LED
17.        delay();             //调用延时子函数
18.     }
19.   }
```

任务实施

一、硬件电路搭建

按照电路原理图［图 2-1（a）］，在 YL-236 型单片机实训平台上选取适当的电路模块，搭建单片机控制一只 LED 闪烁的硬件电路。

1. 模块选择

本任务所需要的模块如表 2-7 所示。

表 2-7　本任务所需要的模块

编号	模块代码	模块名称	模块接口
1	MCU01	主机模块	+5V、GND、P1.0
2	MCU02	电源模块	+5V、GND
3	MCU04	显示模块	+5V、GND、LED

2. 工具和器材

本任务所需要的工具和器材如表 2-8 所示。

表 2-8　本任务所需要的工具和器材

编号	名称	型号及规格	数量	备注
1	数字万用表	MY-60	1 台	专配
2	斜口钳		1 把	专配
3	电子连接线	50cm	5 根	红色、黑色线各 2 根,其他颜色线 1 根
4	塑料绑线		若干	

3. 电路搭建

按照图 2-1(a)搭建电路,电路的搭建要求安全、规范,具体步骤如下。

1)搭建电路前确保电源总开关关闭。

2)将选好的模块按照"走线最短"原则排布在 YL-236 型单片机实训平台的模块轨道上。

3)连接电源线,用红色电子连接线将各模块的+5V 端连接起来,用黑色电子连接线将各模块的 GND 端连接起来,并保证同一接线端子的电子连接线不超过 2 根。

4)连接数据线,用除红色和黑色外的其他颜色电子连接线作为数据线,将主机模块的 P1.0 端和显示模块的 LED0 端连接起来。

二、程序代码编写、编译

程序代码编写、编译步骤如下。

1)启动 Keil μVision4,新建项目、文件并将其保存在指定文件夹中,具体步骤参考项目一任务四中的相关内容。

2)在源程序文件的文本编辑窗口中输入设计好的程序代码。

3)编译源程序,排除程序的语法错误。

三、系统调试

系统调试的步骤如下。

1)使用程序下载专配 USB 线将计算机的 USB 接口与单片机主机模块程序下载接口连接起来。

2)打开电源总开关,启动程序下载软件,将源程序编译正确后生成的可执行文件下载至单片机中。

3)观察 LED,若 LED 一亮一灭循环闪烁,则系统调试完成,否则需要进行故障排除。

任务评价

一、工艺性评分标准

工艺性评分标准如表 2-9 所示。

表 2-9　工艺性评分标准

评分项目	分值	评分标准	自我评分	组长评分
模块导线连接工艺（20分）	3	模块选择多于或少于任务要求的，每项扣1分，扣完为止		
	3	模块布置不合理，每个模块扣1分，扣完为止		
	3	电源线和数据线进行颜色区分，导线选择不合理，每处扣1分，扣完为止		
	5	导线走线不合理，每处扣1分，扣完为止		
	3	导线整理不美观，扣除1～3分		
	3	导线连接不牢，同一接线端子上导线连接多于2根的，每处扣1分，扣完为止		
小计（此项满分20分，最低0分）				

二、功能评分标准

功能评分标准如表 2-10 所示。

表 2-10　功能评分标准

项目	评分项目	分值		评分标准	自我评分	组长评分
提交	程序存储	10	6	程序存放在指定位置且格式正确得6分		
	程序加载		4	组长评分前能正确将程序下载在芯片中得4分		
基本任务	电源总开关控制	70	5	组长评分前电源总开关关闭得5分		
	LED 点亮		5	打开电源总开关，LED 点亮得5分		
	LED 熄灭		5	LED 点亮后能熄灭得5分		
	延时时长		20	有延时得5分，延时时长为1s再得15分		
	循环闪烁		15	能循环闪烁得15分		
	完成途径		20	独立完成得20分，否则组长每指导一次扣10分，扣完为止		
小计（此项满分80分，最低0分）						

三、特殊情形扣分标准

特殊情形扣分标准如表 2-11 所示。

表 2-11　特殊情形扣分标准

扣分项目	分值	评分标准	组长评分
电路短路	-30	工作过程中出现电路短路，扣30分	
安全事故	-10	在完成工作任务的过程中，因违反安全操作规程使自己或他人受到伤害的，扣10分	
设备损坏	-5	损坏实训设备，视情节扣1～5分	
实训台整理	-5	存在污染环境、工作台上工具摆放不整齐等不符合职业规范的行为，视情节扣1～5分	
小计（此项最高分0分，最低-50分）			

任务三　LED 流水灯的制作

任务要求

城市夜幕下，摩天大楼外，一串串小灯会自上而下，或自下而上依次点亮，因此称这些小灯为流水灯。

使用单片机的一个 I/O 接口控制 8 只 LED，如图 2-3 所示，制成包括 8 只 LED 的流水灯。要求系统加电，LED1 点亮，100ms 后 LED2 点亮，100ms 后 LED3 点亮，依此类推，直至 8 只 LED 全部点亮，再过 100ms 后 LED 1 重新点亮，如此反复形成流水灯。

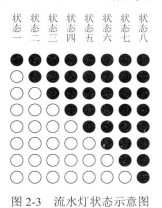

图 2-3　流水灯状态示意图

任务准备

一、电路设计

本任务的硬件电路仍然属于用单片机的一个 I/O 接口控制 LED，具体电路原理图如图 2-4 所示。

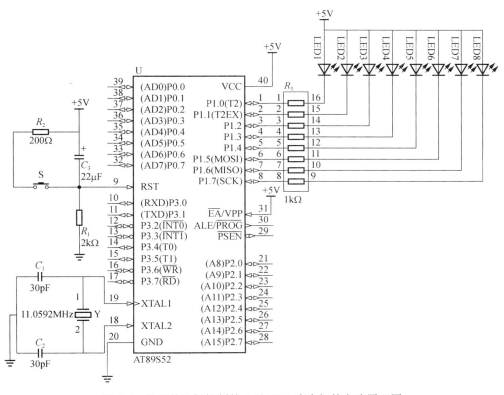

图 2-4　基于单片机控制的 8 只 LED 流水灯的电路原理图

二、程序设计

由任务要求中对流水灯的状态描述来看实现本任务比较简单，只要把每一只 LED 的状态用二进制代码表示出来（点亮用"0"表示，熄灭用"1"表示），再依次将各状态所对应的二进制代码送至单片机的 I/O 接口即可。为了梳理编程思路，先绘制图 2-5 所示的程序流程图，再根据程序流程图编写程序代码。

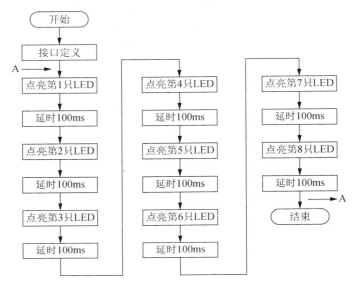

图 2-5   流水灯程序流程图

对于较为复杂的任务，很难直接编写程序代码。在工程上，通常先分析任务，将较为复杂的任务进行分解，逐步条理化，而这一过程最有效的工具就是流程图。流程图就是用标准的图形符号、简单的文字说明及箭头来描述某一工作过程的方框图。

根据图 2-5 所示的程序流程图编写程序代码，具体如下：

```
01.   #include <reg51.h>
02.   #define uchar unsigned char
03.   #define uint unsigned int
04.   sbit led1=P1^0;
05.   sbit led2=P1^1;
06.   sbit led3=P1^2;
07.   sbit led4=P1^3;
08.   sbit led5=P1^4;
09.   sbit led6=P1^5;
10.   sbit led7=P1^6;
11.   sbit led8=P1^7;
12.   void delay(uint ms);      //声明延时子函数
13.   void delay(uint ms)       //毫秒级延时子函数
```

```
14.    {
15.        uint i;
16.        uchar j;
17.        for(i=0;i<ms;i++)
18.            for(j=0;j<115;j++);
19.    }
20.  void main()
21.  {
22.        while(1)
23.        {
24.            P1=0xFF;
25.            led1=0;
26.            delay(100);
27.            led2=0;
28.            delay(100);
29.            led3=0;
30.            delay(100);
31.            led4=0;
32.            delay(100);
33.            led5=0;
34.            delay(100);
35.            led6=0;
36.            delay(100);
37.            led7=0;
38.            delay(100);
39.            led8=0;
40.            delay(100);
41.        }
42.    }
```

下面对本程序涉及的新指令进行解读。

1. for 语句

for 语句是另一种常用的循环语句，其一般格式如下：

```
for(表达式 1;表达式 2;表达式 3)
{
    语句 1;
    语句 2;
    ……
```

```
    语句 n;
}
```

其中，表达式 1 为赋值语句，为循环变量进行初始化；表达式 2 是一个关系表达式，用于判断循环条件的真假；表达式 3 是循环变量修改语句，用于定义循环变量每次循环后按什么方式变化。当利用表达式 1 初始化循环变量后，通过表达式 2 和表达式 3 可以确定循环次数。

for 循环语句的执行过程如下。

1）执行表达式 1 初始化循环变量，且整个循环过程中表达式 1 只执行一次。

2）执行表达式 2 判断循环条件的真假，若条件为真，则执行下面的循环体语句；若条件为假，则直接跳出循环。

3）执行表达式 3 修改循环变量。

4）循环执行表达式 2 和表达式 3，直到循环条件为假时，结束循环。

for 语句也可以嵌套使用，即 for 语句的循环体可以是另一个 for 语句，如本任务程序的延时子函数中两个 for 语句嵌套使用。

2. 带参数子函数

无参数子函数的函数功能固定，子函数内部变量不能利用主函数进行修改。但是，在工程应用中经常需要可修改内部变量的子函数，即带参数子函数，其一般格式如下：

```
函数类型标识符  子函数名(形式参数列表)
{
    语句 1;
    语句 2;
    ……
    语句 n;
}
```

与无参数子函数相比，带参数子函数增加了形式参数列表。形式参数列表中给出的参数称为形式参数，包括形式参数变量名和变量类型两部分内容，如本任务中涉及如下延时子函数：

```
void delay(uint ms)
{
    uint i;
    uchar j;
    for(i=0;i<ms;i++)
        for(j=0;j<115;j++);
}
```

其中，ms 为形式参数，数据类型为无符号整型。另外，一个子函数可以有多个形式参数，各形式参数之间用逗号隔开。带参数子函数调用的一般格式如下：

```
函数名(实际参数列表);
```

带参数子函数调用时，主调函数将传递给被调子函数的形式参数一个实际值，这个值称为实际参数。例如，本任务程序第 26 行，将实际参数 100 传递给延时子函数中的形式参数 ms。

3. main 函数程序功能分析

第 24 行：所有 LED 熄灭，加电复位后第一周期时该条语句没有作用。但是，在第二周期开始前应该先将所有 LED 熄灭，否则将无法看到流水灯效果。

第 25～26 行：第 1 只 LED 点亮 100ms，其他 LED 熄灭。

第 27～28 行：第 2 只 LED 点亮 100ms，此时第 1 只 LED 依然点亮，其他 LED 熄灭。

……

依此类推，每两行语句点亮一只 LED，直至执行第 39～40 行语句使第 8 只 LED 点亮 100ms 后一个周期结束。

三、程序优化

如果把流水灯的每一个工作状态所对应的二进制数称为它的一个状态码，那么观察流水灯一个周期内的 8 个状态码，可以发现它们存在着一定的规律，即第 2 个状态码是第 1 个状态码左移一位，第 3 个状态码是第 2 个状态码左移一位，依此类推，第 8 个状态码是第 7 个状态码左移一位。单片机 C 语言指令系统提供了左移和右移两条指令。

左移指令用于将一个二进制数的各位向左移 n 位，移出最左端的各位舍弃，低位空缺的各位补零，其移位过程如图 2-6 所示。左移指令的符号为 "<<"，其一般格式如下：

    变量 a=变量 b<<n;

其中，变量 b 是需要移位的变量，称为源操作数。变量 a 是移位后保存结果的变量，称为目标操作数。源操作数和目标操作数可以是同一个变量，如 "i=i<<1;" 是指把变量 i 的各位左移一位，移位后的结果再保存到变量 i 中。

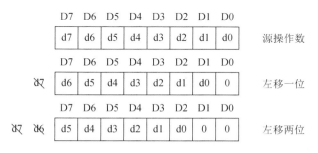

图 2-6 左移指令移位过程示意图

右移指令与左移指令的区别仅在于其移位方向向右。右移指令用于将一个二进制数的各位向右移 n 位，移出最右端的各位舍弃，高位空缺的各位补零。右移指令的符号为 ">>"，其一般格式如下：

    变量 a=变量 b>>n;

使用左移指令对本任务的参考程序进行优化，具体程序代码如下：

```
01.   #include <reg51.h>
02.   #define uchar unsigned char
03.   #define uint unsigned int
04.   void delay(uint ms)
05.   {
06.       uint i;
07.       uchar j;
08.       for(i=0;i<ms;i++)
09.           for(j=0;j<115;j++);
10.   }
11.   void main()
12.   {
13.       uchar a;
14.       P1=0xFF;
15.       while(1)
16.       {
17.           for(a=0;a<8;a++)
18.           {
19.               P1=P1<<1;
20.               delay();
21.           }
22.       }
23.   }
```

任务准备

一、硬件电路搭建

按照电路原理图（图 2-4），在 YL-236 型单片机实训平台上选取适当的电路模块，搭建流水灯项目的硬件电路。

1. 模块选择

本任务所需要的模块如表 2-12 所示。

表 2-12　本任务所需要的模块

编号	模块代码	模块名称	模块接口
1	MCU01	主机模块	+5V、GND、P0
2	MCU02	电源模块	+5V、GND
3	MCU04	显示模块	+5V、GND、LED1～LED8

2. 工具和器材

本任务所需要的工具和器材如表 2-13 所示。

表 2-13　本任务所需要的工具和器材

编号	名称	型号及规格	数量	备注
1	数字万用表	MY-60	1 台	专配
2	斜口钳		1 把	专配
3	电子连接线	50cm	12 根	红色、黑色线各 2 根,其他颜色线 8 根
4	塑料绑线		若干	

3. 电路搭建

按照图 2-4 搭建电路,电路的搭建要求安全、规范,具体步骤如下。

1)搭建电路前确保电源总开关关闭。

2)将选好的模块按照"走线最短"原则排布在 YL-236 型单片机实训平台的模块轨道上。

3)连接电源线,用红色电子连接线将各模块的+5V 端连接起来,用黑色电子连接线将各模块的 GND 端连接起来,并保证同一接线端子的电子连接线不超过 2 根。

4)连接数据线,用除红色和黑色外的其他颜色电子连接线作为数据线,将主机模块的 P1 口各位和显示模块的 LED0~LED7 端连接起来。

二、程序代码编写、编译

程序代码编写、编译步骤如下。

1)启动 Keil μVision4 编程软件,新建工程、文件并均以"LED"为名保存在 F:\×××(学生姓名拼音)\LSD 文件夹中。

2)在 LSD.c 文件的文本编辑窗口中输入设计好的程序代码。

3)编译源程序,排除程序输入错误,生成 LSD.hex 文件。

三、系统调试

系统调试步骤如下。

1)使用程序下载专配 USB 线将计算机的 USB 接口与单片机主机模块程序下载接口连接起来。

2)打开电源总开关,启动程序下载软件,将源程序编译正确后生成的可执行文件下载至单片机中。

3)观察 8 只 LED,若它们以 0.1s 的速度呈流水灯状态工作,则系统调试完成,否则需要进行故障排除。

任务评价

一、工艺性评分标准

工艺性评分标准如表 2-14 所示。

表 2-14　工艺性评分标准

评分项目	分值	评分标准	自我评分	组长评分
模块导线连接工艺（20分）	3	模块选择多于或少于任务要求的，每项扣1分，扣完为止		
	3	模块布置不合理，每个模块扣1分，扣完为止		
	3	电源线和数据线进行颜色区分，导线选择不合理，每处扣1分，扣完为止		
	5	导线走线不合理，每处扣1分，扣完为止		
	3	导线整理不美观，扣除1~3分		
	3	导线连接不牢，同一接线端子上连接导线多于2根的，每处扣1分，扣完为止		
小计（此项满分20分，最低0分）				

二、功能评分标准

功能评分标准如表 2-15 所示。

表 2-15　功能评分标准

项目	评分项目	分值		评分标准	自我评分	组长评分
提交	程序存储	10	6	程序存放在指定位置且格式正确得6分		
	程序加载		4	组长评分前能正确将程序下载在芯片中得4分		
基本任务	电源总开关控制	70	5	组长评分前电源总开关关闭得5分		
	流水灯工作		60	打开电源总开关，8只LED呈流水灯状态工作一个周期得60分；出现跳灯、错灯等每处扣10分，扣完为止；自己不能独立完成，组长每指导一次扣10分，扣完为止		
	循环工作		5	能按周期循环工作得5分		
小计（此项满分80分，最低0分）						

三、特殊情形扣分标准

特殊情形扣分标准如表 2-16 所示。

表 2-16　特殊情形扣分标准

扣分项目	分值	评分标准	组长评分
电路短路	-30	工作过程中出现电路短路，扣30分	
安全事故	-10	在完成工作任务的过程中，因违反安全操作规程使自己或他人受到伤害的，扣10分	
设备损坏	-5	损坏实训设备，视情节扣1~5分	
实训台整理	-5	存在污染环境、工作台上工具摆放不整齐等不符合职业规范的行为，视情节扣1~5分	
小计（此项最高分0分，最低-50分）			

任务一 1 位数码管显示器的制作

任务要求

设计基于单片机控制的 1 位数码管显示器，其能够显示任意一个十进制数字或部分特殊字符。本任务要求显示数字"0"，且程序的设计要具有可移植性，即通过简单修改可显示其他字形。

任务准备

一、电路设计

1. 数码管简介

数码管是一种半导体发光器件，是将几个 LED 按一定形状排列封装形成的数码显示器件，也称 LED 数码管。数码管具有结构简单、显示清晰、响应速度快、体积小、寿命长、耐冲击、易于和各种驱动电路连接等优点，在各种数字显示仪器仪表、数字控制设备中应用广泛。

数码管内部由 7 个条形 LED 按"8"字形排列组成，还有的数码管内部增加了一个点状 LED，排成"8."字形。一般把构成数码管字形的一个条形或点状 LED 称为该数码管的一个"字段"，所以数码管按段数可分为 7 段数码管和 8 段数码管两种。数码管的字段用小写英文字母 a～h 表示，小数点一般用字母组合 dp 表示，如图 3-1 所示。根据内部 LED 连接方式的不同，数码管可分为共阳极数码管和共阴极数码管两种，如图 3-2 所示。共阳极数码管是指将所有 LED 的阳极连接在一起构成公共端，共阴极数码管是指将所有 LED 的阴极连接在一起构成公共端，公共端一般用"COM"表示。

共阳极数码管应用时将 COM 端接到+5V，当某一字段 LED 的阴极为低电平时，相应字段点亮；当某一字段的阴极为高电平时，相应字段不亮。例如，共阳极数码管显示数字"2"时，字段 a～dp 的电平状态为 00100101。共阴极数码管在应用时将 COM 端接地，当某字段 LED 的阳极为高电平时，相应字段点亮，当某一字段的阳极为低电平时，相应字段不亮。同样，共阴极数码管显示数字"2"时，字段 a～dp 的电平状态为 11011010。将数码管显示某字形时字段 a~dp 的电平状态称为该字形的段码，一般段码是 8 位二进制数，从高位到低位依次对应字段 dp、g、f、e、d、c、b、a 的电平状态。因此，数字"2"的共阳极段码为 10100100，共阴极段码为 01011011。在工程中，数码管显示各字形的段码如表 3-1 和表 3-2 所示。

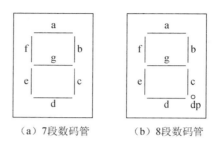

（a）7段数码管 　　（b）8段数码管

图 3-1　数码管结构示意图

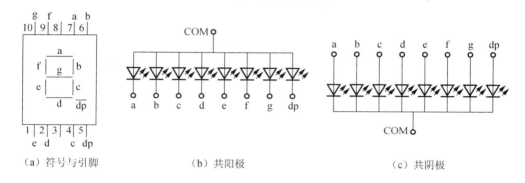

（a）符号与引脚　　　（b）共阳极　　　　　　（c）共阴极

图 3-2　数码管内部结构图

表 3-1　共阳极数码管段码表

字形	电平状态（dp~a）	段码	字形	电平状态（dp~a）	段码
0	11000000	0xC0	A	10001000	0x88
1	11111001	0xF9	B	10000011	0x83
2	10100100	0xA4	C	11000110	0xC6
3	10110000	0xB0	D	10100001	0xA1
4	10011001	0x99	E	10000110	0x86
5	10010010	0x92	F	10001110	0x8E
6	10000010	0x82	P	10001100	0x8C
7	11111000	0xF8	—	10111111	0xBF
8	10000000	0x80	无显示	11111111	0xFF
9	10010000	0x90			

表 3-2　共阴极数码管段码表

字形	电平状态（dp~a）	段码	字形	电平状态（dp~a）	段码
0	00111111	0x3F	A	01110111	0x77
1	00000110	0x06	B	01111100	0x7C
2	01011011	0x5B	C	00111001	0x39

续表

字形	电平状态（dp～a）	段码	字形	电平状态（dp～a）	段码
3	01001111	0x4F	D	01011110	0x5E
4	01100110	0x66	E	01111001	0x79
5	01101101	0x6D	F	01110001	0x71
6	01111101	0x7D	P	01110011	0x73
7	00000111	0x07	—	01000000	0x40
8	01111111	0x7F	无显示	00000000	0x00
9	01101111	0x6F			

2. 1位数码管显示器接口设计

将单片机的 I/O 接口与 8 段数码管的引脚 a～dp 相连，通过单片机 I/O 接口向数码管输出不同的段码，就可以显示相应的数字与字符。单片机 I/O 接口的驱动电流很小，不能直接用来驱动数码管，因此可以选用晶体管来放大驱动电流。1 位数码管显示器的接口电路原理图如图 3-3 所示。

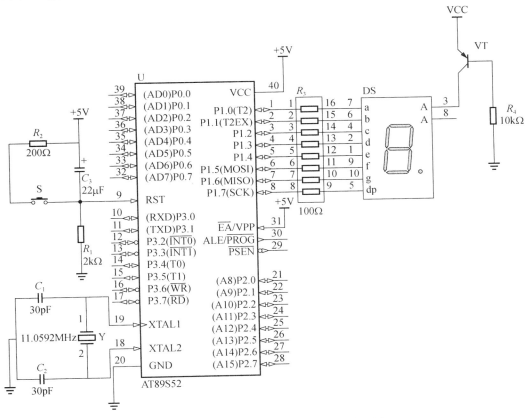

图 3-3 1 位数码管显示器的接口电路原理图

二、程序设计

本任务的程序设计比较简单，利用单片机 I/O 接口的输出功能，向数码管的引脚输出数字"0"的段码 0xC0 即可。

```
01.    #include <reg51.h>  //包含头文件
02.    void main()
03.    {
04.        P1=0xC0;              //输出数字"0"的段码 11000000
05.        while(1);
06.    }
```

当要显示其他字形时，只需要对程序的第 4 行进行修改。例如，显示字符"B"时，程序第 4 行修改为"P1=0x83"，输出"B"的段码 0x83 即可。

任务实施

本任务属于原理性学习内容，采用 Proteus 进行仿真。

一、电路搭建

电路搭建的步骤如下。

1）启动 Proteus 仿真软件，以"1 位 LED 数码管显示器"命名并保存电路仿真文件。

2）查找并添加 AT89C52、7SEG、PNP 和 RES 共 4 种元器件。

3）放置元器件，设置参数，按照图 3-3 布局、连线，如图 3-4 所示。

4）保存电路仿真文件。

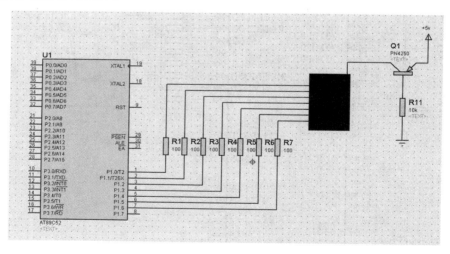

图 3-4　1 位数码管显示器 Proteus 仿真原理图

二、程序代码编写、编译

程序代码编写、编译步骤如下。

1）启动 Keil μVision4 编程软件，新建工程、文件并均以"SEG1"为名保存在 F:\×××（学生姓名拼音）\SEG1 文件夹中。

2）在 SEG1.c 文件的文本编辑窗口中输入设计好的程序代码。

3）编译源程序，排除程序输入错误，生成 SEG1.hex 文件。

三、仿真调试

1. 装载可执行文件

装载可执行文件的步骤为进入"1 位 LED 数码管显示器"Proteus 仿真界面，双击 AT89C52 单片机芯片，在弹出的"Edit Component"对话框中单击"Program File"文本框后的文件夹按钮，在弹出的"Select File Name"对话框中选择路径 F:\×××（学生姓名拼音）\SEG1，载入本任务的可执行文件 SEG1.hex。

2. 仿真运行

单击"仿真运行"按钮进行仿真，观察仿真效果。若出现图 3-5 所示的效果，则结果正确，调试结束；若不能出现预期的效果，则应对程序及仿真电路的参数等进行重点排查、修改、调试。

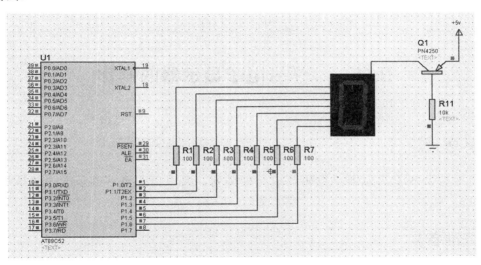

图 3-5　1 位数码管显示器 Proteus 仿真效果

任务评价

一、工艺性评分标准

工艺性评分标准如表 3-3 所示。

表 3-3　工艺性评分标准

评分项目	分值	评分标准	自我评分	组长评分
元器件连接工艺（20 分）	5	元器件选择多于或少于任务要求的，每只扣 1 分，扣完为止		
	5	元器件布局不合理，每处扣 1 分，扣完为止		
	5	元器件编号不正确，每处扣 1 分，扣完为止		
	5	导线走线不合理、不美观，每根扣 1 分，扣完为止		
小计（此项满分 20 分，最低 0 分）				

二、功能评分标准

功能评分标准如表 3-4 所示。

表 3-4   功能评分标准

项目	评分项目	分值		评分标准	自我评分	组长评分
提交	程序存储	10	6	程序存放在指定位置且格式正确得 6 分		
	程序加载		4	组长评分前能正确将程序下载在单片机芯片中得 4 分		
基本任务	测试准备	70	5	组长评分前未按下"仿真运行"按钮得 5 分		
	仿真运行		15	按下"仿真运行"按钮,仿真正确进行,元器件属性无错误得 15 分;有错误每处扣 2 分,扣完为止		
	数码管显示		40	第一次仿真调试数码管能显示数字"0"得 40 分;组长每指导一次扣 10 分,扣完为止		
	程序结构		10	程序结构合理得 10 分,否则酌情扣分		
小计(此项满分 80 分,最低 0 分)						

任务二   学号电子显示器的制作

任务要求

自制 8 位数码管显示器,数码管成一行排列,要求自左至右显示学生的学号,如 07160321。

任务准备

一、电路设计

1. 数码管动态显示原理

数码管静态显示器的最大特点就是一位数码管需要一个单片机 I/O 接口,而工程中往往需要多位显示,如本任务的 8 位显示,此时单片机 I/O 接口明显不足。当需要多位显示时,工程上一般采用动态扫描显示的方法。

动态扫描显示即轮流向各位 LED 数码管送出字形码和相应的位选,利用发光二极管的光亮和人眼视觉暂留作用,使人的感觉好像各位数码管同时都在显示。就像电影由一帧一帧的画面组成,当画面显示速度足够快的时候,看到的就是连续流畅的效果。同理,当数码管显示器的显示速度足够快时,人们也可以得到同时显示的效果。

2. 8 位数码管显示器接口设计

如图 3-6 所示,数码管动态显示的特点是将所有位上的数码管的段码线并联在一起,通过位选线控制具体哪一位数码管显示器进行显示。这样就没有必要为每位数码管显示器配置一个锁存器,从而大大简化了硬件电路。

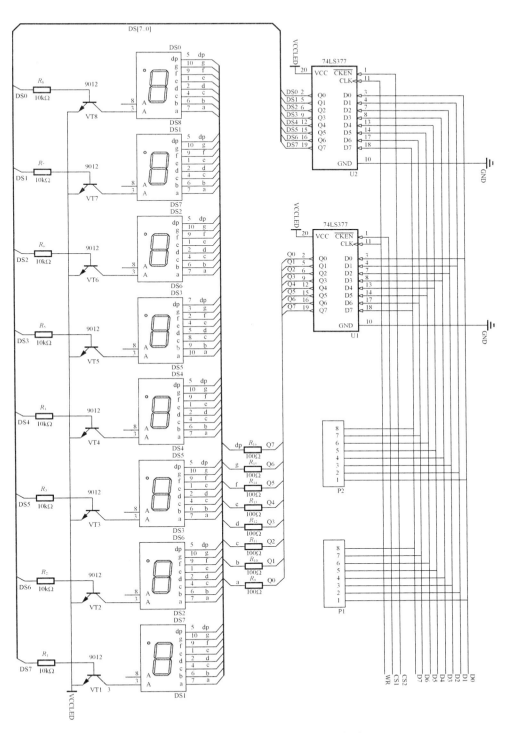

图 3-6　8 位数码管显示器动态显示电路原理

二、程序设计

本任务要求 8 位数码管显示器自低位至高位逐一显示，待全部显示一遍后再循环显示。两片 74LS377 单片机芯片分时选通，接受并锁存来自 P0 口的段码和位码。CS1 为低电平，U1 有效，此时通过 P0 口输出段码，WR 端的上升沿将段码锁存在 U1 的输出端。CS2 为低电平，U2 有效，此时通过 P0 口输出位码，WR 端的上升沿将位码锁存在 U2 的输出端。在段码和位码的共同作用下完成一位数码管的显示。

```c
#include <reg51.h>
#define uint unsigned int
#define uchar unsigned char
sbit CS1=P2^6;
sbit CS2=P2^7;
sbit WRE=P3^6;
uchar DTAB[]={0xC0,0xF8,0xF9,0x82,        //0716
0xC0,0xB0,0xA4,0xF9};                      //0321
uchar WTAB[]={0xFE,0xFD,0xFB,0xF7,0xEF,0xDF,0xBF,0x7F};
void delay(uint x);
void main()
{
    uint i;
    while(1)
    {
        for(i=0;i<8;i++)
        {
            P0=WTAB[i];            //送位码
            WRE=0;
            CS2=0;
            WRE=1;
            CS2=1;
            P0=DTAB[i];            //送段码
            WRE=0;
            CS1=0;
            WRE=1;
            CS1=1;
            delay(5);
            P0=0xFF;               //消影
            WRE=0;
            CS2=0;
```

```
                WRE=1;
                CS2=1;
            }
        }
    }
    void delay(uint x)
    {
        uint a;
        uchar b;
        for(a=0;a<x;a++)
            for(b=0;b<115;b++);
    }
```

上述程序涉及数组的应用，下面介绍数组的相关知识。

数组是一个由若干同类型数据组成的集合，引用该集合中的数据元素时使用同一名称，这个名称就是数组名。数组中元素之间通过下标区分，访问数组中的某个特定元素也是通过下标来实现的。数组存储在一段连续的存储单元中，这段存储单元的最低地址对应数组的第一个元素，最高地址对应数组的最后一个元素。数组可以是一维的，也可以是多维的，这里仅介绍一维数组的相关知识。

1. 一维数组的定义

一维数组是指只有一个下标标号的数组。在 C 语言中，定义一个一维数组的一般格式如下：

    类型说明符 数组名[常量表达式];

定义一维数组示例如下：

```
unsigned char tab[4];
```

本例定义了一个包含 4 个元素，名为"tab"的无符号字符型数组。

数组类型是指数组元素的数据类型，对于同一个数组，其所有元素的数据类型都是相同的。

数组名的命名规则和变量名的命名规则一样，但需要注意的是同一程序中数组不能与其他变量同名。例如，以下示例是不允许的：

```
unsigned int a;
unsigned char a[4];
```

在数组的定义中常量表达式表示数组元素的个数，即数组长度。定义一个数组后，编译器就为其分配一段连续的存储空间，一个一维数组占用的存储空间大小为

存储空间=数组数据类型占用字节数×数组长度（或数组的元素个数）

定义数组时使用常量表达式确定数组的长度，因此该表达式表示的数值必须是确定的，不能为变量，否则编译器无法为其分配存储空间。有的数组定义时可以省略方括号中的常量

表达式，编译器在编译时自动统计"{}"中的数组元素个数，求出数组的长度。

2. 一维数组的引用

数组元素是组成数组的基本单位，数组元素也是一种变量，通常称为下标变量，其表示方法是数组名后面跟一个下标。数组元素的一般格式如下：

数组名[下标]

下标是该数组元素到数组起始处的偏移量，第 1 个元素的偏移量是 0，第 2 个元素的偏移量是 1，依此类推。下标只能是整型常量或整型表达式。在 C 语言中，数组第 1 个元素的下标为 0 而非 1，最后一个元素的下标为"常量表达式-1"的值。例如，一维数组的定义示例如下：

```
unsigned char tab[4];
```

该数组中共有 4 个元素，每个元素由不同的下标表示，分别为 tab[0]、tab[1]、tab[2]和tab[3]。

在使用数组的过程中只能逐个使用数组元素，即下标变量，而不能一次引用整个数组。

3. 一维数组的初始化

与变量的初始化一样，为数组元素赋初值称为数组的初始化，数组可以在定义的同时被初始化，也可以在程序中通过循环语句进行初始化。

1）一维数组初始化的第一种方法为数组定义的同时进行初始化，一般格式如下：

类型说明符 数组名[常量表达式]={值,值,值,…,值};

大括号中的各数值之间使用逗号隔开，例如：

```
unsigned char tab[4]={0xC0,0xF9,0xA4,0xB0};
```

这种初始化的方法相当于给 tab[0]、tab[1]、tab[2]和 tab[3]4 个变量分别赋值如下：

```
tab[0]=0xC0;
tab[1]=0xF9;
tab[2]=0xA4;
tab[3]=0xB0;
```

定义了数组长度的数组，初始化的元素个数不能大于数组长度，但允许小于数组长度。例如：

```
unsigned char tab[5]={0xC0,0xF9,0xA4,0xB0};
```

在这里，数组 tab 的前 4 个变量被赋初值：tab[0]=0xC0，tab[1]=0xF9，tab[2]=0xA4，tab[3]=0xB0，而数组的第 5 个元素未赋初值。

2）一维数组初始化的第二种方法为定义数组时不进行初始化，在数组被声明后，利用赋值语句或循环程序将数组中的各下标变量逐个初始化：

```
unsigned char tab[4], i;      //数组中的元素逐个赋相同值
for(i=0;i<4;i++)
tab[i]=0xC0;

unsigned char tab[4];         //数组中的元素逐个赋不同值
tab[0]=0xC0;
tab[1]=0xF9;
tab[2]=0xA4;
tab[3]=0xB0;

unsigned char tab[4],i;       //将数组中的元素逐个赋值
for(i=0;i<4;i++)
tab[i]=i+'0';
```

数组的巧妙使用能极大地优化程序结构，增加程序功能模块的可移植性。本任务灵活使用数组初始化及引用，对程序结构进行优化，具体如下：

```c
#include <reg51.h>
#define uint unsigned int
#define uchar unsigned char
sbit CS1=P2^6;
sbit CS2=P2^7;
sbit WRE=P3^6;
uchar xianshi[8];
uchar WTAB[]={0xFE,0xFD,0xFB,0xF7,0xEF,0xDF,0xBF,0x7F};
uchar DTAB[]={0xC0,0xF9,0xA4,0xB0,0x99,0x92,0x82,0xF8,0x80,0x90};
void delay(uint x)
{
    uint a;
    uchar b;
    for(a=0;a<x;a++)
        for(b=0;b<115;b++);
}
void disp()                     //8位数码管显示子程序
{
    uchar i;
    i++;
    if(i==8)
        i=0;
    P0=WTAB[i];
    CS2=0;
    WRE=0;
    WRE=1;
    CS2=1;
```

```
        P0=DTAB[xianshi[i]];
        CS1=0;
        WRE=0;
        WRE=1;
        CS1=1;
        delay(10);
    }
    void main()
    {
        xianshi[0]=0;
        xianshi[1]=7;
        xianshi[2]=1;
        xianshi[3]=6;
        xianshi[4]=0;
        xianshi[5]=3;
        xianshi[6]=2;
        xianshi[7]=1;
        while(1)
        {
            disp();
        }
    }
```

任务实施

一、硬件电路搭建

按照电路原理图（图3-6），在YL-236型单片机实训平台上选取适当的电路模块，搭建基于单片机控制的8位数码管显示器的硬件电路。

1. 模块选择

本任务所需要的模块如表3-5所示。

表3-5　本任务所需要的模块

编号	模块代码	模块名称	模块接口
1	MCU01	主机模块	+5V、GND、P0、P2.5、P2.6、P2.7
2	MCU02	电源模块	+5V、GND
3	MCU04	显示模块	+5V、GND、D0～D7、CS1、CS2、WR

2. 工具和器材

本任务所需要的工具和器材如表3-6所示。

表 3-6　本任务所需要的工具和器材

编号	名称	型号及规格	数量	备注
1	数字万用表	MY-60	1 台	专配
2	斜口钳		1 把	专配
3	电子连接线	50cm	15 根	红色、黑色线各 2 根，8 根为一组的排线，绿色线 3 根
4	塑料绑线		若干	

3. 电路搭建

按照图 3-6 搭建电路，电路的搭建要求安全、规范，具体步骤如下。

1）搭建电路前确保电源总开关关闭，一方面防止电子连接线之间不小心接触引起电源短路，另一方面防止带电插拔电子连接线造成单片机接口损坏。

2）将选好的模块按照"走线最短"原则排布在 YL-236 型单片机实训平台的模块轨道上。

3）连接电源线，用红色电子连接线将各模块的+5V 端连接起来，用黑色电子连接线将各模块的 GND 端连接起来，并保证同一接线端子的电子连接线不超过 2 根。

4）连接数据线，选用 8 根为一组的排线将主机模块的 P0 口和显示模块的 D0～D7 端对应连接起来作为数据线，另取 3 根绿色的电子连接线将主机模块的 P2.5、P2.6 和 P2.7 与显示模块的 CS1、CS2 和 WR 端对应连接起来作为控制线。

二、程序代码编写、编译

程序代码编写、编译步骤如下。

1）启动 Keil μVision4 编程软件，新建工程、文件并均以"SEG8"为名保存在 F:\×××（学生姓名拼音）\SEG8 文件夹中。

2）在 SEG8.c 文件的文本编辑窗口中输入设计好的程序代码。

3）编译源程序，排除程序输入错误，生成 SEG8.hex 文件。

三、系统调试

系统调试步骤如下。

1）使用程序下载专配 USB 线将计算机的 USB 接口与单片机主机模块程序下载接口连接起来。

2）打开电源总开关，启动程序下载软件，将源程序编译正确后生成的可执行文件下载至单片机中。

3）观察显示模块数码管显示器的显示结果，如果自左至右依次显示数字"07160321"，则结果正确，调试结束，否则需要排除故障。

任务评价

一、工艺性评分标准

工艺性评分标准如表 3-7 所示。

表 3-7　工艺性评分标准

评分项目	分值	评分标准	自我评分	组长评分
模块导线连接工艺（20分）	3	模块选择多于或少于任务要求的，每项扣 1 分，扣完为止		
	3	模块布置不合理，每个模块扣 1 分，扣完为止		
	3	电源线和数据线进行颜色区分，导线选择不合理，每处扣 1 分，扣完为止		
	5	导线走线不合理，每处扣 1 分，扣完为止		
	3	导线整理不美观，扣除 1~3 分		
	3	导线连接不牢，同一接线端子上连接导线多于 2 根的，每处扣 1 分，扣完为止		
小计（此项满分 20 分，最低 0 分）				

二、功能评分标准

功能评分标准如表 3-8 所示。

表 3-8　功能评分标准

项目	评分项目	分值		评分标准	自我评分	组长评分
提交	程序存储	10	6	程序存放在指定位置且格式正确得 6 分		
	程序加载		4	组长评分前能正确将程序下载在芯片中得 4 分		
基本任务	电源总开关控制	70	5	组长评分前电源总开关关闭得 5 分		
	数码管显示		50	第一次调试，8 位数码管显示器能正确显示任务要求数字得 50 分；经组长指导，第二次调试，8 位数码管显示器能正确显示任务要求数字得 30 分；经组长再次指导，第三次调试，8 位数码管显示器能正确显示任务要求数字得 10 分；否则得 0 分		
	正常工作		15	稳定显示无跳跃得 15 分		
小计（此项满分 80 分，最低 0 分）						

三、特殊情形扣分标准

特殊情形扣分标准如表 3-9 所示。

表 3-9　特殊情形扣分标准

扣分项目	分值	评分标准	组长评分
电路短路	-30	工作过程中出现电路短路，扣 30 分	
安全事故	-10	在完成工作任务的过程中，因违反安全操作规程使自己或他人受到伤害的，扣 10 分	
设备损坏	-5	损坏实训设备，视情节扣 1~5 分	
实训台整理	-5	存在污染环境、工作台上工具摆放不整齐等不符合职业规范的行为，视情节扣 1~5 分	
小计（此项最高分 0 分，最低-50 分）			

项目四

指令键盘设计

任务一　自锁独立开关的设计

任务要求

图 4-1 为流水灯系统启停控制面板，使用一只自锁独立开关控制由 8 只 LED 组成的流水灯系统的启动和停止。要求系统加电，8 只 LED 全部熄灭，开关 S 向上拨动，流水灯系统开始工作；开关 S 向下拨动，流水灯系统停止工作，所有 LED 全部熄灭。

图 4-1　流水灯系统启停控制面板

任务准备

一、电路设计

1. 自锁独立开关

所谓自锁开关是指开关自带机械锁定功能，拨动到一个位置或按下去，松手后处于锁定状态的开关，解锁时需要再次拨动或再按一次开关。独立开关是相对矩阵键盘而言的，是指每个按键拥有自己专属的 I/O 接口，按键之间彼此独立，互不相干。

2. 自锁独立开关接口设计

图 4-2 为自锁独立开关接口电路原理图。其中，流水灯电路与项目二任务三的电路大致

相同，不同之处在于这里选用了单片机的 P0 口作为 LED 的控制接口。另外，每一个 I/O 接口通过一个电阻接到电源正极上，此电阻称为上拉电阻。自锁独立开关选用三脚钮子开关，2 脚为公共引脚，与单片机 I/O 接口相连，3 脚通过一个 10kΩ 的上拉电阻接到电源正极，1 脚接地。当开关 S 拨到 3 脚时，单片机的 I/O 接口由上拉电阻可靠输入高电平；当开关 S 拨到 1 脚时，单片机的 I/O 接口与地相连可靠输入低电平。如此，通过读取单片机 I/O 接口的状态就可以判断与其相连的开关位置。

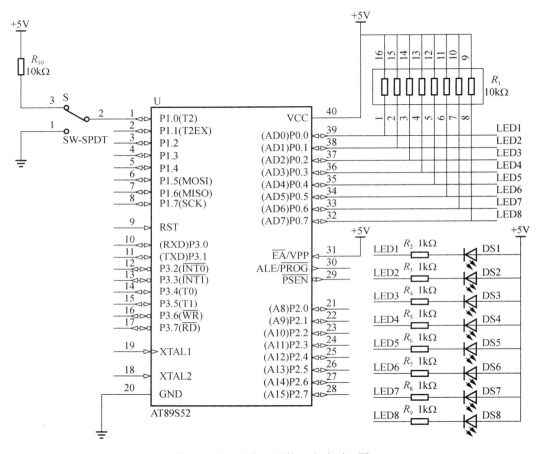

图 4-2　自锁独立开关接口电路原理图

二、程序设计

　　程序通过读取自锁独立开关与单片机连接 I/O 接口的电平状态来判断开关的状态。本任务程序应不断扫描开关接口，读取 P1 口第 1 位的状态，若为高电平，则说明开关位于 3 脚处，处于断开状态，程序返回继续扫描 P1 口的状态；若为低电平，则说明开关位于 1 脚处，处于闭合状态，程序跳往流水灯程序处执行。这种单片机 CPU 执行程序反复扫描键盘接口，通过读取的 I/O 接口高低电平确定有无按键按下的方法称为扫描法。通过以上分析，可画出图 4-3 所示的程序流程图。

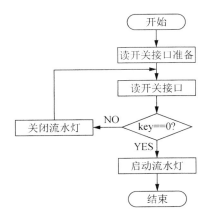

图 4-3 程序流程图

本任务参考程序如下：

```
01.  #include <reg52.h>
02.  #define uchar unsigned char
03.  #define uint unsigned int
04.  sbit key=P1^0;                  //定义开关接口
05.  void msdelay(uint ms)           //定义毫秒级延时子函数
06.  {
07.      uint i,j;
08.      for(i=0;i<ms;i++)
09.          for(j=125;j>0;j--);
10.  }
11.  void LSD()                      //流水灯子函数
12.  {
13.      while(P0==0x00)
14.      P0=0xFF;
15.      P0=P0<<1;
16.      msdelay(100);
17.  }
18.  void main()
19.  {
20.      while(1)
21.      {
22.          key=1;                  //为读单片机开关接口做准备
23.          if(key==0)              //读单片机开关接口
24.              LSD();              //开关向下闭合,流水灯启动
25.          else
26.              P0=0xFF;            //开关向上闭合,8 只 LED 全部熄灭
27.      }
28.  }
```

任务实施

本任务属于原理性学习内容，采用 Proteus 仿真软件进行仿真。

一、电路搭建

电路搭建步骤如下。

1）启动 Proteus 仿真软件，以"流水灯启停控制系统"命名并保存电路仿真文件。

2）查找并添加 AT89C52、数码管（7SEG）、晶体管（PNP）和电阻（RES）共 4 种元器件。

3）放置元器件，设置参数，按照图 4-2 布局、连线，如图 4-4 所示。

4）保存电路仿真文件。

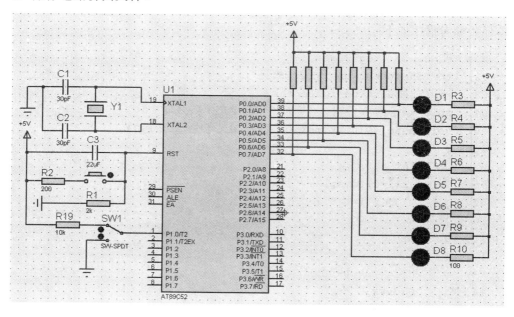

图 4-4　Proteus 仿真原理图

二、程序代码编写、编译

程序代码编写、编译步骤如下。

1）启动 Keil μVision4 编程软件，新建工程、文件并均以"KEY1"为名保存在 F:\×××（学生姓名拼音）\KEY1 文件夹中。

2）在 KEY1.c 文件的文本编辑窗口中输入设计好的程序代码。

3）编译源程序，排除程序输入错误，生成 KEY1.hex 文件。

三、仿真调试

1. 装载可执行文件

装载可执行文件的步骤为进入"流水灯启停控制系统"Proteus 仿真界面，双击 AT89C52

单片机芯片，在弹出的"Edit Component"对话框中单击"Program File"文本框后面的文件夹按钮，在弹出的"Select File Name"对话框中选择路径 F:\×××（学生姓名拼音）\KEY1，载入本任务的可执行文件 KEY1.hex。

2. 仿真运行

单击"仿真运行"按钮进行仿真，观察仿真效果。单击自锁独立开关 SW1，开关向下闭合，流水灯开始自上而下依次点亮，出现图 4-5～图 4-7 所示的效果，调试结束。若不能出现预期的效果，则应对程序及仿真电路的参数等进行重点排查、修改、调试。

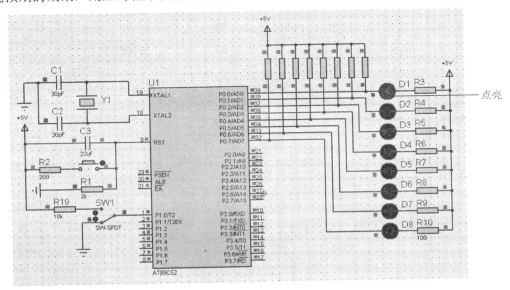

图 4-5　Proteus 仿真效果（一）

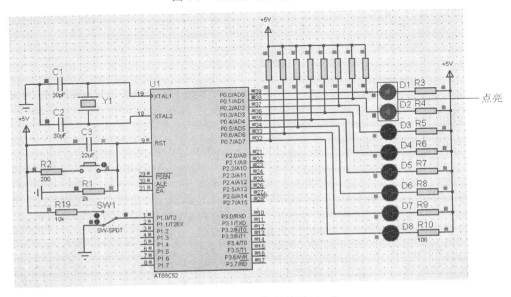

图 4-6　Proteus 仿真效果（二）

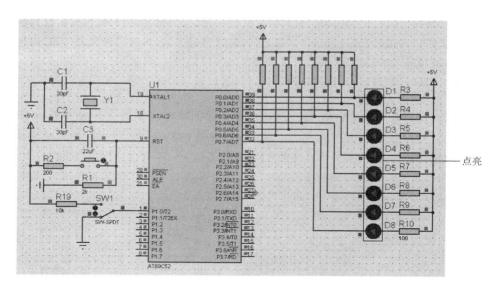

图 4-7 Proteus 仿真效果（三）

任务评价

一、工艺性评分标准

工艺性评分标准如表 4-1 所示。

表 4-1 工艺性评分标准

评分项目	分值	评分标准	自我评分	组长评分
元器件连接工艺（20 分）	5	元器件选择多于或少于任务要求的，每只扣 1 分，扣完为止		
	5	元器件布局不合理，每处扣 1 分，扣完为止		
	5	元器件编号不正确，每处扣 1 分，扣完为止		
	5	导线走线不合理、不美观，每根扣 1 分，扣完为止		
小计（此项满分 20 分，最低 0 分）				

二、功能评分标准

功能评分标准如表 4-2 所示。

表 4-2 功能评分标准

项目	评分项目	分值		评分标准	自我评分	组长评分
提交	程序存储	10	6	程序存放在指定位置且格式正确得 6 分		
	程序加载		4	组长评分前能正确将程序下载在单片机芯片中得 4 分		
基本任务	测试准备	70	5	组长评分前未按下"仿真运行"按钮得 5 分		
	仿真运行		15	按下"仿真运行"按钮，仿真正确进行，元器件属性无错误得 15 分；有错误每处扣 2 分，扣完为止		

续表

项目	评分项目	分值	评分标准	自我 评分	组长 评分
基本 任务	初始状态	70	开关向上闭合，8只LED均为熄灭状态，得5分		
	流水灯启动		开关向下闭合，流水灯启动，得5分		
	流水灯工作		流水灯正常工作，得5分；出现错灯、漏灯每处扣1分，扣完为止		
	流水灯停止		开关向上闭合，流水灯停止，8只LED全部熄灭，得5分		
	程序结构	10	程序结构合理得10分，否则酌情扣分		
	完成途径	20	独立完成编程及调试一次性正确得20分，组长每指导一次扣10分，扣完为止		
小计（此项满分80分，最低0分）					

（注：初始状态、流水灯启动、流水灯工作、流水灯停止分值均为5）

任务二 自复位独立按键的设计

任务要求

设计一个数字计数器系统，包括一个自复位独立按键（计数按键）和3位数码管显示器。要求每按一次按键，计数值加1，并在数码管显示器上实时更新显示。数字计数器系统面板示意图如图4-8所示。

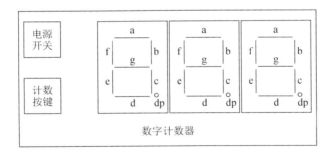

图4-8 数字计数器系统面板示意图

任务准备

一、电路设计

自复位独立按键是指能自动复位的按键，按下此按键后按键闭合，松开后按键自动恢复断开状态。自复位独立按键接口的设计原理与自锁独立开关接口的设计原理一样，电路原理图如图4-9所示。

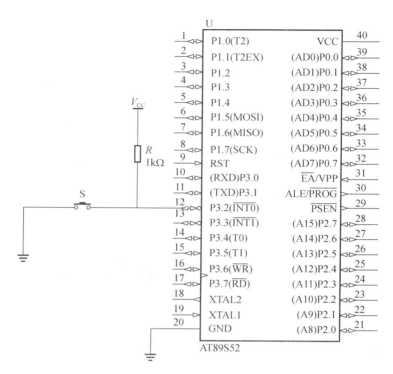

图 4-9   自复位独立按键接口电路原理图

二、程序设计

独立按键的程序设计可以采用查询法，如本项目任务一自锁独立开关的程序设计，也可以采用中断法。查询法需要单片机 CPU 执行程序反复扫描按键接口，造成 CPU 执行效率较低。中断法利用单片机提供的中断功能，按键按下时触发中断程序向 CPU 发出中断申请，CPU 执行相应中断服务程序，从而提高 CPU 执行效率。

1. AT89S52 单片机中断系统简介

（1）中断相关概念

1）中断。中断即打断，指 CPU 在执行程序的过程中，由于 CPU 之外的某种原因，有必要暂停该程序的执行，转而去执行指定的程序，待指定程序结束之后，再返回原程序断点处继续运行的过程。

2）中断源。中断源即提出中断申请的来源。AT89S52 单片机有 6 个中断源，分别为 2 个外部中断（由 INT0、INT1 引脚输入中断请求信号）、3 个片内定时器/单片机计数器溢出中断（T0、T1、T2）、1 个片内串行接口中断（TX—发送、RX—接收）。

3）中断服务程序。CPU 执行的当前程序称为主程序。CPU 执行的对突发事件的处理程序称为中断服务程序。单片机系统规定了每个中断源的中断服务程序的入口地址，用户不可更改。单片机系统为每一个中断源分配了中断编号。AT89S52 单片机中断服务程序入口地址及中断编号如表 4-3 所示。

表 4-3　AT89S52 单片机中断服务程序入口地址及中断编号

中断源	入口地址	中断编号	中断源	入口地址	中断编号
INT0	0003H	0	T1	001BH	3
T0	000BH	1	TI/RI	0023H	4
INT1	0013H	2	T2	002BH	5

4）中断优先级。当多个中断源同时申请中断时，为了使 CPU 能够按照用户的规定先处理最紧急的，然后处理其他事件，中断系统设置有中断优先级排队电路，排在前面的中断源称为高级中断，排在后面的中断源称为低级中断。

5）中断嵌套。当 CPU 响应某一中断源请求而进入中断处理时，若更高级别的中断源发出申请，则 CPU 暂停现行的中断服务程序，而去响应优先级更高的中断，待更高级别的中断处理完毕后，再返回低级中断服务程序，继续原先的处理，这个过程称为中断嵌套。低级中断不能中断优先级高的中断，同级中断不能中断优先级相同的中断。

（2）中断相关寄存器

1）中断允许控制寄存器（IE）。为了有效地控制中断过程，中断系统设置有中断允许控制寄存器，它控制着中断的允许与禁止。其结构如图 4-10 所示。

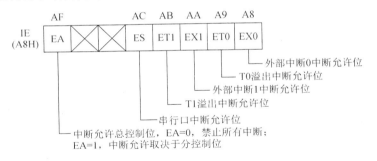

图 4-10　中断允许控制寄存器的结构

2）中断请求标志寄存器。中断系统设置有中断请求标志寄存器，它由定时器控制寄存器 TCON 和串行接口控制寄存器 SCON 的若干位构成，如图 4-11 所示。

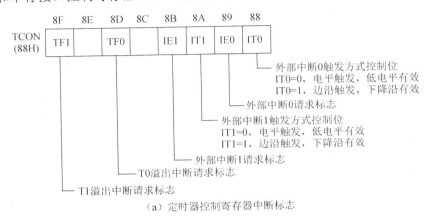

（a）定时器控制寄存器中断标志

图 4-11　中断请求标志寄存器

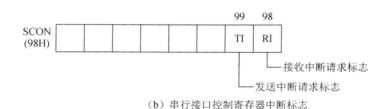

（b）串行接口控制寄存器中断标志

图 4-11（续）

当某一中断源发出有效的请求信号时，相应的标志位置 1，否则为 0。

3）中断优先级控制寄存器（IP）。AT89S52 单片机有两级中断优先级，每一个中断源都可以设置为高级中断或低级中断，由中断优先级控制寄存器控制。其结构如图 4-12 所示。

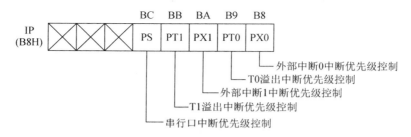

图 4-12　中断优先级控制寄存器的结构

（3）中断硬件查询电路

若 CPU 同时接收两个不同优先级的中断，则优先处理高级中断；若 CPU 同时接收的是多个同级中断，则通过内部硬件查询逻辑电路，按查询顺序确定应先响应哪一个中断请求。在同级中断中，查询顺序（由高到低）是外部中断 0、定时器 T0 中断、外部中断 1、定时器 T1 中断、串行接口中断。注意，这种同级中断的查询顺序只在同时申请中断时确定先后次序，不能用于中断嵌套。

2．AT89S52 单片机外部中断编程方法

AT89S52 单片机的中断系统独立于单片机，使用前需要进行设置，称为初始化。两个外部中断完全一样，可根据需要选用任意一个，也可两个同时选用。外部中断的初始化过程如下。

1）设置触发方式，对定时器控制寄存器 ITx（x=0 或 1）位进行设置。当需要使用下降沿触发时，设置 ITx=1；当需要使用低电平触发时，设置 ITx=0。

2）设置中断优先级，若程序设计中使用两个及以上中断，且有优先级别之分，则需对中断优先级控制寄存器 PXx（x=0 或 1）位进行设置。当需要设置为高优先级时，PXx=1；当需要设置为低优先级时，PXx=0。

3）启动中断，AT89S52 单片机的中断采用两级开关控制，启动中断时需要设置中断允许控制寄存器的 EA 位和 EXx（x=0 或 1）位，即 EA=1，EXx=1。

本任务选用外部中断 0，经过以上 3 步的设置完成初始化。工程上为了模块化管理，常将这个过程设计成一个初始化子函数。

初始化后，外部中断系统独立于 CPU 工作，当 CPU 响应外部中断的申请后，转入中断

服务程序。因此，中断服务程序的编写是中断编程的一个重要工作。外部中断服务程序编写的一般格式如下：

```
void 外部中断服务函数名()interrupt n
{
    语句1;
    语句2;
    ......
    语句n;
}
```

其中，interrupt 是关键字，n 是中断编号，选用外部中断 0 时 n=0；选用外部中断 1 时，n=2。

中断服务函数不需要主函数调用，而是 CPU 响应外部中断的申请后，根据中断编号自动转入中断服务程序执行。

3. 独立按键设计中存在的问题及解决办法

（1）按键抖动误判

一般的按键所用触点多为机械触点，由于机械触点的弹性作用，按键在闭合时不会瞬间稳定接通，断开时也不会瞬间稳定断开。图 4-13 为机械触点动作时的电压信号波形，可以看出机械按键在闭合及断开的瞬间均伴随一连串的抖动，抖动时间的长短由按键的机械特性决定，一般不超过 10ms，这是一个很重要的时间参数，在很多场合都要用到。

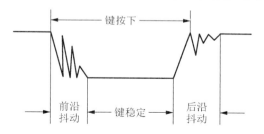

图 4-13　机械触点动作时的电压信号波形

按键的这种抖动会引起程序的误判，程序将捕捉到的几个抖动波形误判为按键多次按下，而实际按键只按下了一次。为了确保单片机对键的一次闭合仅做一次处理，必须去除按键抖动，在按键闭合稳定后再做处理。工程上去除按键的抖动，一般可以用硬件或软件两种方法实现。硬件方法是指使用 RS 触发器、RC 消抖电路等消抖，实际工程应用中为节省成本一般不采用这种方法。软件方法是指使用延时程序进行两次判断的消抖方法。这里只介绍软件消抖法。

软件消抖法是在检测到按键闭合后执行一个延时程序，产生 10ms 的延时等待前沿抖动消失后再检测一次按键的状态，如果仍保持闭合状态电平，则确认为有键按下。这里通过两次检测按键，巧妙避开抖动而克服误判问题。

（2）按键未释放误判

按键稳定闭合时间的长短是由操作人员的按键动作决定的，一般为零点几秒至数秒。如果操作人员操作时间稍长，会导致程序在扫描接口的过程中误判为多次按下。为了保证无论按键操作时间多长，程序对按键的一次闭合仅做一次处理，可以等待按键释放之后再进行按键功能的处理。

4. 任务程序代码

本任务使用中断法设计程序，其流程图如图 4-14 所示。

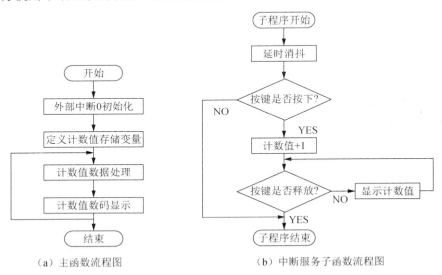

（a）主函数流程图　　　　　（b）中断服务子函数流程图

图 4-14　数字计数器系统程序流程图

程序代码如下：

```
#include <reg51.h>
#define uchar unsigned char
#define uint unsigned int
sbit CS1=P2^6;
sbit CS2=P2^7;
sbit WRE=P3^6;
sbit key=P3^2;
uint value=0;
uchar xianshi[3];
ucharDTAB[]={0xC0,0xF9,0xA4,0xB0,0x99,    //0、1、2、3、4
0x92,0x82,0xF8,0x80,0x90};                //5、6、7、8、9
ucharWTAB[]={0xFE,0xFD,0xFB,0xF7,0xEF,0xDF,0xBF,0x7F};
void delay(uchar x)
{
    uchar a,b;
    for(a=0;a<x;a++)
        for(b=0;b<115;b++);
}
void SMG_disp()                           //数码管显示子程序
{
```

```
    uchar i;
    i++;
    if(i==3)
        i=0;
    P0=WTAB[i];
    CS1=0;
    WRE=0;
    WRE=1;
    CS1=1;
    P0=DTAB[xianshi[i]];
    CS2=0;
    WRE=0;
    WRE=1;
    CS2=1;
    delay(10);
}
void CL_value()                         //显示数值处理子程序
{
    xianshi[2]=value/100;
    xianshi[1]=value%100/10;
    xianshi[0]=value%100%10;
}
void main()
{
    EX0=1;
    IT0=1;
    EA=1;
    while(1)
    {
        CL_value();
        SMG_disp();
    }
}
void INT0_server() interrupt 0          //外部中断 0 中断服务程序
{
    delay(10);
    if(key==0);
    {
        value++;
        while(key==0)
        {
            CL_value();
            SMG_disp();
        }
    }
}
```

本任务程序的第 2～8 行为中断服务程序，主要完成按键可靠按下的确认、按键可靠释放的确认，以及计数值的修改。

任务实施

一、硬件电路搭建

按照电路原理图（图 3-6、图 4-9），在 YL-236 型单片机实训平台上选取适当的电路模块，搭建数字计数器系统的硬件电路。

1. 模块选择

本任务所需要的模块如表 4-4 所示。

表 4-4 本任务所需要的模块

编号	模块代码	模块名称	模块接口
1	MCU01	主机模块	+5V、GND、P0、P2.5、P2.6、P2.7、P1.0、P1.1、P1.2
2	MCU02	电源模块	+5V、GND
3	MCU04	显示模块	+5V、GND、DB0～DB7、RS、R/W、E
4	MCU06	指令模块	+5V、GND、SB1、SB2、SB3

2. 工具和器材

本任务所需要的工具和器材如表 4-5 所示。

表 4-5 本任务所需要的工具和器材

编号	名称	型号及规格	数量	备注
1	数字万用表	MY-60	1 台	专配
2	斜口钳		1 把	专配
3	电子连接线	50cm	20 根	红色、黑色线各 3 根，其他颜色线 14 根
4	塑料绑线		若干	

3. 电路搭建

按照图 3-6 和图 4-9 搭建电路，电路的搭建要求安全、规范，具体步骤如下。

1）搭建电路前确保电源总开关关闭。

2）将选好的模块按照"走线最短"原则排布在 YL-236 型单片机实训平台的模块轨道上。

3）连接电源线，用红色电子连接线将各模块的+5V 端连接起来，用黑色电子连接线将各模块的 GND 端连接起来，并保证同一接线端子的电子连接线不超过 2 根。

4）连接数据线，用除红色和黑色外的其他颜色电子连接线作为数据线，将主机模块的 P0 口各位和显示模块的 DB0～DB7 端对应连接起来。

二、程序代码编写、编译

程序代码编写、编译步骤如下。

1）启动 Keil μVision4 编程软件，新建工程、文件并均以"JSQ"为名保存在 F:\×××（学生姓名拼音）\JSQ 文件夹。

2）在 JSQ.c 文件的文本编辑窗口中输入设计好的程序代码。

3）编译源程序，排除程序输入错误，生成 JSQ.hex 文件。

三、系统调试

系统调试步骤如下。

1）使用程序下载专配 USB 线将计算机的 USB 口与单片机主机模块程序下载口连接起来。

2）打开电源总开关，启动程序下载软件，将源程序编译正确后生成的可执行文件下载至单片机中。

3）按要求操作计数器系统，按一次按键，观察数码管显示器，若能实现加 1，则结果正确，调试结束，否则需要进行故障排除。

任务评价

一、工艺性评分标准

工艺性评分标准如表 4-6 所示

表 4-6　工艺性评分标准

评分项目	分值		评分标准	自我评分	组长评分
模块连接工艺（20分）		3	模块选择多于或少于任务要求的，每项扣 1 分，扣完为止		
		3	模块布置不合理，每个模块扣 1 分，扣完为止		
		3	电源线和数据线进行颜色区分，导线选择不合理，每处扣 1 分，扣完为止		
		5	导线走线不合理，每处扣 1 分，扣完为止		
		3	导线整理不美观，扣除 1～3 分		
		3	导线连接不牢，同一接线端子上导线连接多于 2 根的，每处扣 1 分，扣完为止		
小计（此项满分 20 分，最低 0 分）					

二、功能评分标准

功能评分标准如表 4-7 所示。

表 4-7　功能评分标准

项目	评分项目	分值		评分标准	自我评分	组长评分
提交	程序存储	10	6	程序存放在指定位置且格式正确得 6 分		
	程序加载		4	组长评分前能正确将程序下载在芯片中得 4 分		
基本任务	电源总开关控制	70	5	组长评分前电源总开关关闭得 5 分		
	数码管初始化		5	打开电源总开关，3 位数码管初始显示正确得 5 分		
	计数功能		20	按键每按下一次计数值加 1 得 20 分		

续表

项目	评分项目	分值		评分标准	自我评分	组长评分
基本任务	计数显示	70	10	计数值修改后能实时更新显示得 10 分		
	计数溢出处理		10	计数值大于 999 后能自动从 0 开始下一周期计数得 10 分		
	完成途径		20	独立完成得 20 分，否则组长每指导一次扣 10 分，扣完为止		
小计（此项满分 80 分，最低 0 分）						

三、特殊情形扣分标准

特殊情形扣分标准如表 4-8 所示。

表 4-8　特殊情形扣分标准

扣分项目	分值	评分标准	组长评分
电路短路	-30	工作过程中出现电路短路，扣 30 分	
安全事故	-10	在完成工作任务的过程中，因违反安全操作规程使自己或他人受到伤害的，扣 10 分	
设备损坏	-5	损坏实训设备，视情节扣 1～5 分	
实训台整理	-5	存在污染环境、工作台上工具摆放不整齐等不符合职业规范的行为，视情节扣 1～5 分	
小计（此项最高分 0 分，最低 -50 分）			

数字显示器设计

任务一　8×8LED 点阵显示器的制作

任务要求

设计一个基于单片机控制的 8×8LED 点阵显示器，要求能稳定显示字母"Z"，如图 5-1 所示。

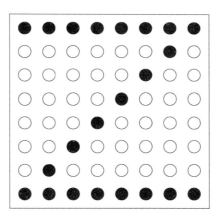

图 5-1　8×8LED 点阵显示器显示字母"Z"示意图

任务准备

一、电路设计

1. LED 点阵显示器简介

LED 点阵显示器是一种能够显示字符、汉字、图形等的数字显示器件，具有显示面积灵活、亮度高、寿命长、数字化、实时性等特点，在广场、车间、银行、车站等公共场所应用广泛。

2. 8×8LED 点阵模块

LED 点阵显示器之所以具有显示面积灵活的特点，是因为它可以根据显示需要选择若

干个 8×8LED 点阵模块进行拼装。一个 8×8LED 点阵模块由 64 只 LED 按照 8 行 8 列的形式

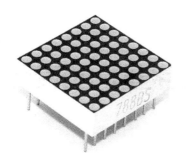

排成矩阵，每一只 LED 位于行线和列线的交叉点上，如图 5-2 所示，图中每一个白色的小圆圈就是一只 LED。

8×8LED 点阵模块的内部电路如图 5-3 所示。8×8LED 点阵模块可分为共阳极点阵模块和共阴极点阵模块两种。同一行上 8 只 LED 的阳极连接在一起，引出一个行引脚，同一列上 8 只 LED 的阴极连接在一起，引出一个列引脚，这样共有 8 个行引脚和 8 个列引脚的 8×8LED 点阵模块，称为共阳极点阵模块。同一行上 8 只 LED 的阴极连接在一起，引出一个行引脚，同一列上 8 只 LED 的阳极连接在一起，引出一个列引脚，这样共有 8 个行引脚和 8 个列引脚的 8×8LED 点阵模块，

图 5-2　8×8LED 点阵模块外形图

称为共阴极点阵模块。其实，对于一个单色 8×8LED 点阵模块而言，既可以说是共阳极又可以说是共阴极，因为行线共阳极则列线必定共阴极，行线共阴极则列线必定共阳极。之所以有共阳极和共阴极之分，是因为行业习惯而已。通常，第一行为共阳极的点阵称为共阳极点阵，反之为共阴极点阵。图 5-3 中小圆圈中的序号表示 8×8LED 点阵模块实物的引脚编号。

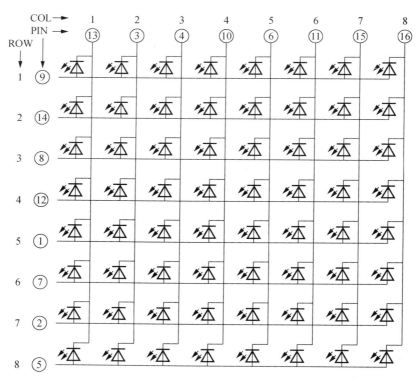

图 5-3　8×8LED 点阵模块的内部电路

3. 8×8LED 点阵模块接口设计

基于单片机控制的 8×8LED 点阵显示器电路原理图如图 5-4 所示。

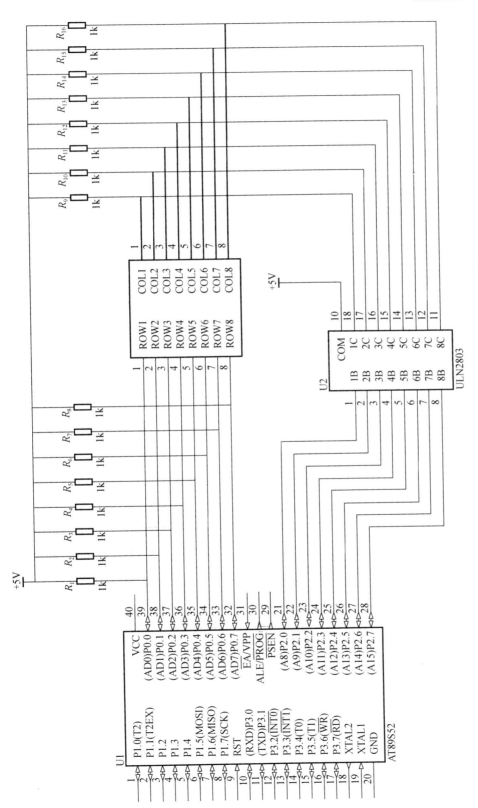

图 5-4 基于单片机控制的 8×8LED 点阵显示器电路原理图

二、程序设计

8×8LED 点阵显示器的显示就是根据显示字形的需要点亮不同组合的 LED，一般采用逐行或逐列动态扫描的方法。例如，按行显示字母"Z"时，在行线 ROW1 上输出高电平，其他行线输出低电平，在列线上输出字模编码 0x00，点阵模块的第 1 行上 8 只 LED 全部点亮。延时一段时间让 LED 充分点亮后，进行第 2 行显示，在行线 ROW2 上输出高电平，其他行线输出低电平，在列线上输出字模编码 0xFD，则点阵模块的第 2 行上第 7 只 LED 点亮，其他 7 只 LED 熄灭。同样的方法，延时一段时间让第 2 行 LED 充分点亮后，进行第 3 行显示，依此类推，直到第 8 行显示完成，一个周期扫描结束。扫描完一个周期后，再从第 1 行开始进行下一周期的扫描，如此利用人眼的视觉暂留就可以在 LED 点阵显示器上稳定地显示字母"Z"。本任务的参考程序代码如下：

```c
#include <reg52.h>
#include <intrins.h>
#define uchar unsigned char
#define uint unsigned int
#define row P2
#define col P0
uchar ztab[]={0x00,0xBF,0xDF,0xEF,0xF7,0xFB,0xFD,0x00};
void msdelay(uint ms)
{
    uint  i,j;
    for(i=0;i<ms;i++)
        for(j=125;j>0;j--);
}
void main()
{
    uchar i;
    while(1)
    {
        uchar j=0xFE;
        for(i=0;i<8;i++)
        {
            row=j;
            col=ztab[i];
            msdelay(5);
            j=_crol_(j,1);
        }
    }
}
```

🍋 任务实施

本任务属于原理性学习内容，采用 Proteus 软件进行仿真。

一、电路搭建

电路搭建步骤如下。

1）启动 Proteus 仿真软件，以"8×8LED 点阵显示器的制作"命名并保存电路仿真文件。

2）查找并添加 AT89C52、数码管（7SEG）、ULN2803 和电阻（RES）共 4 种元器件。

3）放置元器件，设置参数，按照电路原理图（图 5-4）布局、连线，如图 5-5 所示。

4）保存电路仿真文件。

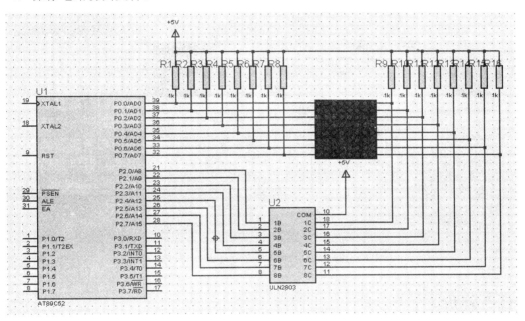

图 5-5　8×8LED 点阵显示器 Proteus 仿真原理图

二、程序代码编写、编译

程序代码编写、编译步骤如下。

1）启动 Keil μVision4 编程软件，新建工程、文件并均以"SEG1"为名保存在 F:\××
×（学生姓名拼音）\DZ8×8 文件夹中。

2）在 DZ8×8.c 文件的文本编辑窗口中输入设计好的程序代码。

3）编译源程序，排除程序输入错误，生成 DZ8×8.hex 文件。

三、仿真调试

1. 装载可执行文件

装载可执行文件的步骤为进入"8×8LED 点阵显示器的制作"Proteus 仿真界面，双击

AT89C52 单片机芯片，在弹出的"Edit Component"对话框中单击"Program File"文本框后面的文件夹按钮，在弹出的"Select File Name"对话框中选择路径 F:\×××（学生姓名拼音）\DZ8×8"，载入本任务的可执行文件 DZ8×8.hex。

2. 仿真运行

单击"仿真运行"按钮进行仿真，观察仿真效果。如果出现图 5-6 所示的效果，则结果正确，调试结束。若不能出现预期的效果，则应对程序及仿真电路的参数等进行重点排查、修改、调试。

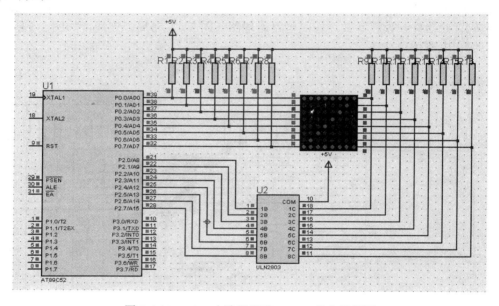

图 5-6　8×8LED 点阵显示器 Proteus 仿真效果图

任务评价

一、工艺性评分标准

工艺性评分标准如表 5-1 所示。

表 5-1　工艺性评分标准

评分项目	分值	评分标准	自评得分	组长评分
元器件连接工艺（20分）	5	元器件选择多于或少于任务要求的，每只扣 1 分，扣完为止		
	5	元器件布局不合理，每处扣 1 分，扣完为止		
	5	元器件编号不正确，每处扣 1 分，扣完为止		
	5	导线走线不合理、不美观，每根扣 1 分，扣完为止		
小计（此项满分20分，最低0分）				

二、功能评分标准

功能评分标准如表 5-2 所示。

表 5-2　功能评分标准

项目	评分项目	分值		评分标准	自评得分	组长评分
提交	程序存储	10	6	程序存放在指定位置且格式正确得 6 分		
	程序加载		4	组长评分前能正确将程序下载在单片机芯片中得 4 分		
基本任务	测试准备	70	5	组长评分前未按下"仿真运行"按钮得 5 分		
	仿真运行		15	按下"仿真运行"按钮,仿真正确进行,元器件属性无错误得 15 分;有错误每处扣 2 分,扣完为止		
	点阵显示		40	点阵能显示字母"Z"得 30 分,显示稳定不闪烁再得 10 分		
	程序结构		10	程序结构合理得 10 分,否则酌情扣分		
小计(此项满分 80 分,最低 0 分)						

任务二　显示汉字的 LED 点阵显示器的设计

🖝 任务要求

设计一个 LED 点阵显示器实现汉字的显示,要求能稳定地显示用户的姓,如"李"。

🖝 任务准备

一、电路设计

汉字的结构比较复杂,依靠 8×8 LED 点阵显示器很难将汉字清晰、稳定地显示出来。因此,一般使用 16×16 LED 点阵显示器或更大的显示器显示。无论多大的点阵显示器,均是由基本点阵单元 8×8 LED 点阵模块搭建而成的,16×16 LED 点阵显示器电路原理如图 5-7 所示。

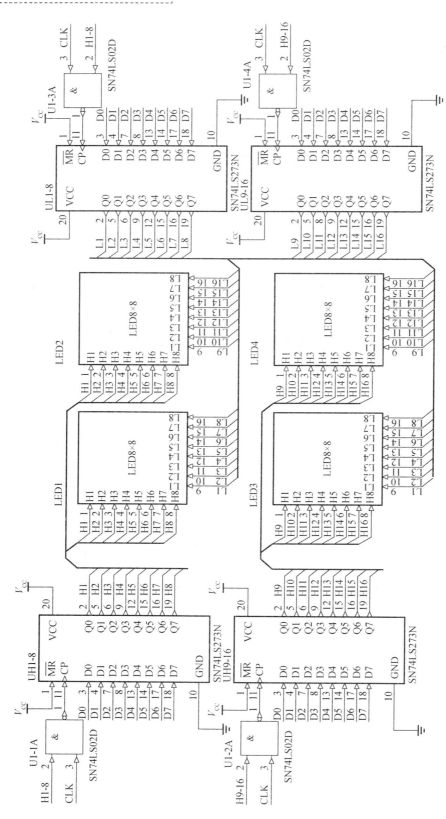

图 5-7 16×16LED 点阵显示器电路原理图

二、程序设计

点阵显示器的显示原理都是一样的，都是采用逐行或逐列动态扫描的方法，16×16LED点阵显示器往往分成左半屏和右半屏（或上半屏和下半屏）进行扫描。当逐行扫描时，先选通第 1 行，分别输入左半屏和右半屏字模数据，经过一段时间的延时使第 1 行相应的 LED 充分点亮后再选通第 2 行，直至 16 行全部扫描完，即为一个显示周期。本任务的参考程序代码如下：

```
#include <reg52.h>
#define uint unsigned int
#define uchar unsigned char
sbit hang1=P2^4;
sbit hang2=P2^5;
sbit lie1=P2^6;
sbit lie2=P2^7;
sbit WRE=P3^6;
uchar code lie[]={0xFE,0xFD,0xFD,0xF7,0xEF,0xDF,0xBF,0x7F};
uchar code hang[]={0x80,0x84,0x44,0x44,0x24,0x14,0x0C,
0xFF,0x0C,0x14,0x24,0x44,0x44,0x84,0x80,0x00,
0x08,0x08,0x08,0x08,0x09,0x49,0x89,0x79,0x0D,
0x0B,0x09,0x08,0x08,0x08,0x08,0x00};
void delay(uchar ms)
{
    uchar a;
    while(ms--)
        for(a=0;a<115;a++);
}
void weizhi(uchar shang,uchar xia,uchar zuo,uchar you)
{
    hang1=shang; hang2=xia;
    lie1=zuo; lie2=you;
}
void display()
{
    uchar i;
    for(i=0;i<8;i++)
    {
        P0=lie[i];
        weizhi(1,1,0,1);
        WRE=0;WRE=1;
        P0=hang[i];
        weizhi(0,1,1,1);
        WRE=0;WRE=1;
```

```
            P0=hang[i+16];
            weizhi(1,0,1,1);
            WRE=0;WRE=1;
            P0=0xFF;
            weizhi(1,1,1,0);
            WRE=0;WRE=1;
            delay(1);
            P0=lie[i];
            weizhi(1,1,1,0);
            WRE=0;WRE=1;
            P0=hang[i+8];
            weizhi(0,1,1,1);
            WRE=0;WRE=1;
            P0=hang[i+24];
            weizhi(1,0,1,1);
            WRE=0;WRE=1;
            P0=0xFF;
            weizhi(1,1,0,1);
            WRE=0;WRE=1;
            delay(1);
        }
    }
    void main()
    {
        while(1)
        {
            P0=0x00;
            P2=0xCF;WRE=0;
            WRE=1;
            display();
        }
    }
```

🅒 任务实施

一、硬件电路搭建

按照电路原理图（图 5-7），在 YL-236 型单片机实训平台上选取适当的电路模块，搭建显示汉字的 16×16LED 点阵显示器的硬件电路。

1. 模块选择

本任务所需要的模块如表 5-3 所示。

表 5-3 本任务所需要的模块

编号	模块代码	模块名称	模块接口
1	MCU01	主机模块	+5V、GND、P0、P2.4、P2.5、P2.6、P2.7
2	MCU02	电源模块	+5V、GND
3	MCU04	显示模块	+5V、GND、DB0~DB7、ROW0、ROW1、COL0、COL1

2. 工具和器材

本任务所需要的工具和器材如表 5-4 所示。

表 5-4 本任务所需要的工具和器材

编号	名称	型号及规格	数量	备注
1	数字万用表	MY-60	1 台	专配
2	斜口钳		1 把	专配
3	电子连接线	50cm	15 根	红色、黑色线各 2 根，其他颜色线 11 根
4	塑料绑线		若干	

3. 电路搭建

按照图 5-7 搭建电路，电路的搭建要求安全、规范，具体步骤如下。

1）搭建电路前确保电源总开关关闭。

2）将选好的模块按照"走线最短"原则排布在 YL-236 型单片机实训平台的模块轨道上。

3）连接电源线，用红色电子连接线将各模块的+5V 端连接起来，用黑色电子连接线将各模块的 GND 端连接起来，并保证同一接线端子的电子连接线不超过 2 根。

4）连接数据线，用除红色和黑色外的其他颜色电子连接线作为数据线，将主机模块和显示模块的接口对应连接起来。

二、程序代码编写、编译

程序代码编写、编译如下。

1）启动 Keil μVision4 编程软件，新建工程、文件并均以"LED16×16"为名保存在 F:\×××（学生姓名拼音）\ LED16×16 文件夹中。

2）在 LED16×16.c 文件的文本编辑窗口中输入设计好的程序代码。

3）编译源程序，排除程序输入错误，生成 LED16×16.hex 文件。

三、系统调试

系统调试如下。

1）使用程序下载专配 USB 线将计算机的 USB 接口与单片机主机模块程序下载接口连接起来。

2）打开电源总开关，启动程序下载软件，将源程序编译正确后生成的可执行文件下载至单片机中。

3）观察 16×16LED 点阵显示器，若显示屏能稳定地显示任务要求内容，则系统调试完成，否则需要进行故障排除。

任务评价

一、工艺性评分标准

工艺性评分标准如表 5-5 所示。

表 5-5　工艺性评分标准

评分项目	分值	评分标准	自评得分	组长评分
模块连接工艺（20 分）	3	模块选择多于或少于任务要求的，每项扣 1 分，扣完为止		
	3	模块布置不合理，每个模块扣 1 分，扣完为止		
	3	电源线和数据线进行颜色区分，导线选择不合理，每处扣 1 分，扣完为止		
	5	导线走线不合理，每处扣 1 分，扣完为止		
	3	导线整理不美观，扣除 1～3 分		
	3	导线连接不牢，同一接线端子上连接多于 2 根的，每处扣 1 分，扣完为止		
小计（此项满分 20 分，最低 0 分）				

二、功能评分标准

功能评分标准如表 5-6 所示。

表 5-6　功能评分标准

项目	评分项目	分值		评分标准	自评得分	组长评分
提交	程序存储	10	6	程序存放在指定位置且格式正确得 6 分		
	程序加载		4	组长评分前能正确将程序下载在芯片中得 4 分		
基本任务	电源总开关控制	70	5	组长评分前电源总开关关闭得 5 分		
	LED 点阵显示		35	打开电源总开关，点阵显示器能正确显示要求内容得 30 分，屏幕稳定无跳动再得 5 分		
	程序结构		10	程序结构合理得 10 分，否则酌情扣分		
	完成途径		20	独立完成得 20 分，否则组长每指导一次扣 10 分，扣完为止		
小计（此项满分 80 分，最低 0 分）						

三、特殊情形扣分标准

特殊情形扣分标准如表 5-7 所示。

表 5-7　特殊情形扣分标准

扣分项目	分值	评分标准	组长评分
电路短路	-30	工作过程中出现电路短路，扣 30 分	
安全事故	-10	在完成工作任务的过程中，因违反安全操作规程使自己或他人受到伤害的，扣 10 分	

续表

扣分项目	分值	评分标准	组长评分
设备损坏	-5	损坏实训设备，视情节扣 1～5 分	
实训台整理	-5	存在污染环境、未整理实训台等不符合职业规范的行为，视情节扣 1～5 分	
小计（此项最高分 0 分，最低-50 分）			

任务三　字符型液晶显示器的使用

任务要求

　　基于单片机控制，设计一个以字符型液晶显示器——LCD1602 为核心的数字显示器，要求完成图 5-8 所示字符的显示。

welcome to Lanxi
TEL:0579-8301156

图 5-8　LCD1602 的显示效果

任务准备

一、电路设计

1. LCD1602 简介

　　液晶显示器（Liquid Crystal Display，LCD）是一种重要的数字显示器，主要用于显示数字、符号、汉字及图像等。各种型号的 LCD 通常按照显示字符的行数和列数或点阵的行数和列数命名，如 1602 是指每行显示 16 个字符，可以显示 2 行的液晶显示器，而 12864 是指拥有 128×64 个点的液晶显示器。

　　LCD1602 是常用的字符型液晶显示器，用于显示 16×2 个数字、字母、符号等字符。市场上的 LCD1602 已经被模块化，包括液晶显示片、控制芯片和驱动芯片等。目前，常用的 LCD1602 控制芯片是日立公司生产的 HD44780，驱动芯片为 HD44100。

2. LCD1602 的引脚功能

　　LCD1602 常用的控制芯片 HD44780 共有 80 个引脚，但这 80 个引脚只有 16 个引脚对用户开放，其他引脚用于与液晶显示片和驱动芯片相连，用户不必知道其具体功能。LCD1602 共 16 个引脚，如图 5-9 所示，其引脚功能如表 5-8 所示。

图 5-9 LCD1602 引脚实物图

表 5-8 LCD1602 引脚功能

引脚	符号	功能
1	VSS	电源地
2	VDD	正电源，接（5±0.5）V 的正电源
3	VO	显示屏亮度调整端。常用可调电阻分压获得
4	RS	寄存器选择控制端。1—数据寄存器，0—指令寄存器
5	RW	读/写选择控制端。1—从 LCD1602 中读数，0—向 LCD1602 中写数
6	E	使能控制端。1—允许对 LCD1602 进行读写操作，0—禁止访问 LCD1602
7～14	D0～D7	双向数据总线的第 0～7 位
15	A	背光显示电源的正极，接+5V
16	K	背光显示电源的负极，接地

3. LCD1602 接口电路

LCD1602 接口电路主要包括 8 位数据接口（D0～D7）、3 位控制接口（RS、RW、E）、电源电路及背光电路，如图 5-10 所示。

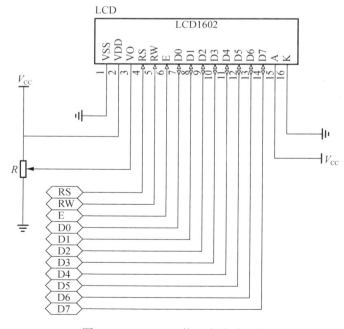

图 5-10 LCD1602 接口电路原理图

二、程序设计

1. LCD1602 内部结构

HD44780 主要由数据显示缓存器（DDRAM）、字符发生存储器（CGROM）、用户自定义字符发生器（CGRAM）、指令寄存器（IR）、数据存储器（DR）、忙标志（BF）和地址寄存器（AC）组成，各部分主要功能如下。

1）DDRAM。HD44780 有 80 字节的数据显示缓存，地址范围分别为 0x80～0xA7、0xC0～0xE7，用于存放待显示字符的 ASCII 码。LCD1602 共有 32 个字符位，每个字符位对应 HD44780 数据显示缓存的 1 字节，它们的对应关系如图 5-11 所示。其中，地址为 0x80～0x8F 的缓存对应屏幕第 1 行，地址为 0xC0～0xCF 的缓存对应屏幕第 2 行，其余缓存在显示器上没有有效的对应字符位。要在 LCD1602 液晶显示器的某个字符位置处显示指定的字符，需向 HD44780 的对应地址单元写入所要显示字符的 ASCII 码。例如，字母"A"的 ASCII 码为 0x41，在 LCD1602 的第 0 行第 0 列处显示字母"A"时，必须向 DDRAM 的 0x00 单元中写入数据"0x41"。但是，向 0x10 单元写入数据"0x41"，LCD1602 上并不显示字母"A"，这是因为地址 0x10 在 LCD1602 上无对应的字符位置。

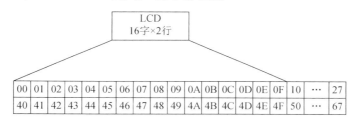

图 5-11 DDRAM 地址与 LCD1602 屏幕对应关系

2）CGROM。其用于存放 160 个 5×7 的点阵字模，包括阿拉伯数字、常用的符号、英文大小写字母和日文片假名等，字模的排列方式与标准的 ASCII 码相同。LCD1602 字符库如图 5-12 所示。

高位 低位	0000	0001	0010	0011	0100	0101	0110	0111	1000	1001	1010	1011	1100	1101	1110	1111
0000	CG RAM (1)			0	@	P	`	p				—	タ	ミ	α	p
0001	(2)		!	1	A	Q	a	q			。	ア	チ	ム	ä	q
0010	(3)		"	2	B	R	b	r			「	イ	ツ	メ	β	θ
0011	(4)		#	3	C	S	c	s			」	ウ	テ	モ	ε	∞
0100	(5)		¥	4	D	T	d	t			、	エ	ト	ヤ	μ	Ω
0101	(6)		%	5	E	U	e	u			·	オ	ナ	ユ	σ	ü
0110	(7)		&	6	F	V	f	v			ヲ	カ	ニ	ヨ	ρ	Σ

图 5-12 LCD1602 字符库

0111	(8)	'	7	G	W	g	w		ア	キ	ヲ	ラ	ヲ	π
1000	(1)	(	8	H	X	h	x		ィ	ク	ネ	リ	ſ	冗
1001	(2)	)	9	I	Y	i	y		ゥ	ケ	ノ	ル	⌐	ч
1010	(3)	*	:	J	Z	j	z		エ	コ	ハ	レ	リ	千
1011	(4)	+	;	K	[	k	{		オ	サ	ヒ	ロ	※	万
1100	(5)	,	<	L	¥	l	l		ャ	シ	フ	ワ	¢	円
1101	(6)	-	=	M	]	m	}		ュ	ス	ヘ	ン	ɬ	÷
1110	(7)	.	>	N	^	n	→		ヨ	セ	ホ	゛	ñ	
1111	(8)	/	?	O	_	o	←		ッ	ソ	マ	°	ö	■

图 5-12（续）

3）CGRAM。其功能类似于 CGROM，是用来存放用户自造字符的点阵字模，共 64 字节，地址范围为 0x00～0x3F。其中每 8 个字节存放 1 个 5×7 点阵字模，它们的区别是，CGRAM 为随机存储器，其中的点阵字模用用户根据需要来编写。

4）IR。其用来存放单片机写入的指令代码。当 RS=0、RW=0，E 引脚信号由 1 变为 0 时，HD44780 就会把 D0～D7 引脚上的数据传送至 IR 中。

5）DR。其用来暂存单片机与 HD44780 所交换的数据，包括单片机要写入 CGRAM、DDRAM 的数据和单片机从 CGRAM、DDRAM 中读取的数据，其功能类似于双向多路缓冲器。

6）BF。其用来指示 HD44780 的当前工作状态。当 BF=1 时，表示 HD44780 当前正在处理数据，不能接受单片机发来的指令和数据；在实际应用中，向 HD44780 写入数据之前需要检查 BF 的状态，当 BF=0 时才能向 HD44780 中写入数据。

7）AC。其用来记录单片机所访问 DDRAM 或 CGRAM 单元的地址，具备自动加 1 或减 1 功能。AC 的加 1 或减 1 功能可由命令设置，其具体方法参见 HD44780 的访问命令。

2. LCD1602 指令系统

LCD1602 共有 11 条指令，如表 5-9 所示。

表 5-9　LCD1602 操作指令表

序号	指令名称	控制信号		指令代码								指令说明
		RS	RW	D7	D6	D5	D4	D3	D2	D1	D0	
1	读 BF、AC	0	1	BF	7 位 AC 值							BF：0—液晶空闲，可以接收数据；1—液晶忙，不接收数据；AC：地址计数器（7 位地址）
2	功能设定	0	0	0	0	1	DL	N	F	X	X	DL：0—4 位数据传输；1—8 位数据传输。N：0—1 行显示；1—2 行显示。F：0—5×7 点阵；1—5×10 点阵。X：未使用；0，1 均可；下同

序号	指令名称	控制信号		指令代码								指令说明
		RS	RW	D7	D6	D5	D4	D3	D2	D1	D0	
3	显示开关控制	0	0	0	0	0	0	1	D	C	B	D：0—关显示；1—开显示。 C：0—无光标；1—有光标。 B：0—光标不闪烁；1—光标闪烁
4	清屏	0	0	0	0	0	0	0	0	0	1	清除显示器内容，光标返回左上角
5	设定 DDRAM 地址	0	0	1			DDRAM 的 7 位地址					设定要存入显示数据的 DDRAM 地址
6	写数据	1	0				要写入数据					将字符编码写入 DDRAM 或 CGRAM
7	读数据	1	1				读出数据					读取 DDRAM 或 CGRAM 中的内容
8	光标归位设置	0	0	0	0	0	0	0	0	1	X	AC 清零，光标返回屏幕左上角
9	输入模式设置	0	0	0	0	0	0	0	1	I/D	S	I/D：0—读写一个字符后 AC 加 1，光标右移；1—读写一个字符后 AC 减 1，光标左移。 S：0—写入一个字符后整屏显示不移动；1—写入一个字符后整屏显示移动一个字符位。此时若 I/D=0，则左移；I/D=1 则右移
10	光标、显示屏移动设置	0	0	0	0	0	1	S/C	R/L	X	X	S/C R/L 功能表（见下）
11	设定 CGRAM 地址	0	0	0	1			CGRAM 的 6 位地址				设定要存入显示数据的 CGRAM 地址

S/C	R/L	功能
0	0	AC 减 1，光标左移 1 格
0	1	AC 加 1，光标右移 1 格
1	0	全部字符左移 1 格，但光标不移动
1	1	全部字符右移 1 格，但光标不移动

3．LCD1602 基本操作

LCD1602 的基本操作主要包括写指令、写数据、读状态、读数据等，具体操作时序如下。

1）写指令。LCD1602 显示操作主要通过 11 条操作指令完成。因此，需要通过单片机向 LCD1602 写入指令，写指令的时序为 RW=0，RS=0，D0～D7=指令代码，E=下降沿。

写操作之前，E 为低电平，RW 可为任意状态。因为是写指令，所以 RS 为低电平。RS 有效时，RW 为低电平，RS 有效后至少要过 195ns 才能产生 E 信号的上升沿。因此，进行写操作时，单片机应先将 RW 置为低电平，再将 RS 信号置为低电平，延时至少 195ns 后再产生 E 信号的上升沿。指令代码在 E 信号的下降沿时刻通过 D0～D7 引脚传送到内部寄存器，由于数据线上建立数据至少需要 195ns，单片机应先将待写入的数据发送到数据线上，延时至少 195ns 才能产生 E 信号的下降沿。产生 E 信号下降沿后，至少要经过 10ns 才能置位 RS。置位 RS 时，RW 为低电平；RS 置位后，RW 为任意状态。

使能周期的最小值为 1000ns，脉冲宽度的最小值为 450ns。单片机产生 E 信号上升沿后至少要过 450ns 才能产生 E 信号的下降沿；产生 E 信号下降沿后，至少要过 550ns 时间才能再次产生上升沿（此时为再次访问 HD44780）。如果单片机的速度过快，指令周期小于 450ns，必须在产生 E 信号上升沿和下降沿之间适当地加入延时，以保证 E 信号的脉冲宽度和周期符合要求。在工程应用中，如果两次访问 LCD1602 的时间间隔大于 550ns，则只需要注意 E 信号高电平持续的时间，可以不考虑 E 信号低电平持续的时间。根据写指令的时序编写程序代码如下：

```
void  write_com(uchar cmd)
{
    EN1602=0;
    RW1602=0;
    RS1602=0;
    D_port1602=cmd;
    delay();
    EN1602=1;
    delay();
    EN1602=0;
    RS1602=1;
}
```

2）写数据。通过单片机向数据显示缓存器中写入显示数据，其时序与写指令大致相同，区别在于写入的目标寄存器不同，即 RS 引脚的状态不同，具体为 RW=0，RS=1，D0～D7=数据，E=下降沿。

其中，写操作之前，E 为低电平，RW 可为任意状态。因为是写数据，所以 RS 为高电平。RS 有效时，RW 为低电平，RS 有效后至少要过 195ns 才能产生 E 信号的上升沿。因此，进行写数据操作时，单片机应先将 RW 置为低电平，再将 RS 信号置为高电平，延时至少 195ns 后再产生 E 信号的上升沿。数据在 E 信号的下降沿时刻通过 D0～D7 引脚传送到内部寄存器，由于数据线上建立数据至少需要 195ns，单片机应先将待写入的数据发送到数据线上，延时至少 195ns 才能产生 E 信号的下降沿。产生 E 信号下降沿后，至少要经过 10ns 才能复位 RS。复位 RS 时，RW 为低电平。RS 复位后，RW 为任意状态。根据写数据的时序编写程序代码如下：

```
void  write_com(uchar dat)
{
    EN1602=0;                    //写操作前 E 置为低电平
    RW1602=0;
    RS1602=1;
    D_port1602=dat;
    delay();
    EN1602=1;
    delay();
    EN1602=0;
    RS1602=0;
}
```

3）读状态。通过单片机与 LCD1602 接口读取忙标志 BF 和地址计数器 AC 的值，其时序如下：RW=1，RS=0，状态码=D0～D7，E=上升沿。

其中，读操作之前，E 为低电平，RW 可为任意状态，因为是读取 BF 和 AC 计数值，所以 RS 为高电平。RS 有效时，RW 为高电平，RS 有效后至少要过 140ns 才能产生 E 信号的上升沿。因此，进行读状态操作时，单片机应先将 RW 置为高电平，再将 RS 信号置为低电平，延时 195ns 后产生 E 信号的上升沿。状态代码在 E 信号的上升沿时刻将内部状态寄存器数据输送到 LCD1602 的 D0～D7 引脚上，由于存在数据延迟，产生 E 信号上升沿 320ns 后，数据线上才出现有效数据。因此，单片机产生 E 信号上升沿后延时 320ns 才能从数据线上读取数据。

使能脉冲宽度的最小值为 450ns，单片机产生 E 信号上升沿后至少要延时 450ns 后才能产生 E 信号的下降沿。产生 E 信号下降沿后，至少要经过 10ns 才能置 RS 信号为高电平。置位 RS 时，RW 为高电平。RS 置位后，RW 可为任意状态。因此，产生 E 信号下降沿后可以不设置 RW 的状态。根据读状态的时序编写程序代码如下：

```
uchar  read_BF(void)
{
    uchar  BF_data;
    EN1602=0;
    RW1602=1;
    RS1602=0;
    D_port1602=0xFF;
    BF_data=D_port1602;
    Delay();
    EN1602=1;
    delay();
    EN1602=0;
    RS1602=1;
    return  BF_data;
}
```

4）读数据。通过单片机与 LCD1602 接口读取 DDRAM 中的数据，其时序与读状态时序大致相同，区别在于读取的目标寄存器不同，即 RS 引脚的状态不同。读取 DDRAM 中的字符 ASCII 码，对于 LCD1602 的应用没有实际意义，这里不具体讲解。

4. 任务程序代码

本任务属于固定字符的显示，即在显示屏的指定位置显示指定的字符，具体程序代码如下：

```
#include <REGX52.H>
#include <intrins.h>
sbit rs=P2^0;
sbit rw=P2^1;
sbit e =P2^2;
unsigned char code zifu1[]={"welcome to Lanxi"};
unsigned char code zifu2[]={"TEL:0579-8301156"};
```

```
void delay(unsigned char ij)
{
    while(ij--);
}
bit mang()                                  //忙检测
{
    bit mang1;
    rs=0;
    rw=1;
    e=1;
    mang1=(bit)(P0&0x80);
    e=0;
    return mang1;
}
void xiezhiling(unsigned char cmd)          //写指令
{
    while(mang());
    rs=0;
    rw=0;
    e=0;
    P0=cmd;
    e=1;
    e=0;
}
void weizhi(unsigned char pos)              //位置
{
    xiezhiling(pos|0x80);
}
void xieshuju(unsigned char dat)            //写数据
{
    while(mang());
    rs=1;
    rw=0;
    e=0;
    P0=dat;
    e=1;
    e=0;
}
void qingchu1(void)                         //清屏
{
    xiezhiling(0x38);
    delay(250);
    xiezhiling(0x0F);
    delay(250);
```

```
        xiezhiling(0x06);
        delay(250);
    }
    void main(void)
    {
        Unsigned char i;
        delay(255);
        delay(255);
        delay(255);
        qingchu1();
        delay(255);
        delay(255);
        i=0;
        weizhi(0x00);
        while(zifu1[i]!='\0')
        {
            xieshuju(zifu1[i]);
            i++;
            delay(50);
        }
        i=0;
        weizhi(0x40);
        while(zifu2[i]!='\0')
        {
            xieshuju(zifu2[i]);
            i++;
            delay(50);
        }
        while(1);
    }
```

任务实施

一、硬件电路搭建

按照电路原理图（图 5-10），在 YL-236 型单片机实训平台上选取适当的电路模块，搭建 LCD1602 字符显示的硬件电路。

1. 模块选择

本任务所需要的模块如表 5-10 所示。

表 5-10 本任务所需要的模块

编号	模块代码	模块名称	模块接口
1	MCU01	主机模块	+5V、GND、P0、P2.5、P2.6、P2.7

续表

编号	模块代码	模块名称	模块接口
2	MCU02	电源模块	+5V、GND
3	MCU04	显示模块	+5V、GND、DB0～DB7、RS、R/W、E

2. 工具和器材

本任务所需要的工具和器材如表 5-11 所示。

表 5-11　本任务所需要的工具和器材

编号	名称	型号及规格	数量	备注
1	数字万用表	MY-60	1 台	专配
2	斜口钳		1 把	专配
3	电子连接线	50cm	15 根	红色、黑色线各 2 根；其他颜色线 11 根
4	塑料绑线		若干	

3. 电路搭建

按照图 5-10 搭建电路，电路的搭建要求安全、规范，具体步骤如下。

1）搭建电路前确保电源总开关关闭。

2）将选好的模块按照"走线最短"原则排布在 YL-236 单片机实训平台的模块轨道上。

3）连接电源线，用红色电子连接线将各模块的+5V 端连接起来，用黑色电子连接线将各模块的 GND 端连接起来，并保证同一接线端子的电子连接线不超过 2 根。

4）连接数据线，用除红色和黑色外的其他颜色电子连接线作为数据线，将主机模块和显示模块的接口对应连接起来。

二、程序代码编写、编译

程序代码编写、编译步骤如下。

1）启动 Keil μVision4 编程软件，新建工程、文件并均以"LCD1602"为名保存在 F:\×××（学生姓名拼音）\LCD1602 文件夹中。

2）在 LCD1602.c 文件的文本编辑窗口中输入设计好的程序代码。

3）编译源程序，排除程序输入错误，生成 LCD1602.hex 文件。

三、系统调试

系统调试步骤如下。

1）使用程序下载专配 USB 线将计算机的 USB 接口与单片机主机模块程序下载接口连接起来。

2）打开电源总开关，启动程序下载软件，将源程序编译正确后生成的可执行文件下载至单片机中。

3）观察 LCD1602 显示屏，若显示屏能稳定地显示任务要求内容，则系统调试完成，否则需要进行故障排除。

任务评价

一、工艺性评分标准

工艺性评分标准如表 5-12 所示。

表 5-12　工艺性评分标准

评分项目	分值	评分标准	自评得分	组长评分
模块连接工艺（20 分）	3	模块选择多于或少于任务要求的，每项扣 1 分，扣完为止		
	3	模块布置不合理，每个模块扣 1 分，扣完为止		
	3	电源线和数据线进行颜色区分，导线选择不合理，每处扣 1 分，扣完为止		
	5	导线走线不合理，每处扣 1 分，扣完为止		
	3	导线整理不美观，扣除 1~3 分		
	3	导线连接不牢，同一接线端子上连接导线多于 2 根的，每处扣 1 分，扣完为止		
小计（此项满分 20 分，最低 0 分）				

二、功能评分标准

功能评分标准如表 5-13 所示。

表 5-13　功能评分标准

项目	评分项目	分值		评分标准	自评得分	组长评分
提交	程序存储	10	6	程序存放在指定位置且格式正确得 6 分		
	程序加载		4	组长评分前能正确将程序下载在芯片中得 4 分		
基本任务	电源总开关控制	70	5	组长评分前电源总开关关闭得 5 分		
	LCD1602 显示		35	打开电源总开关，LCD1602 能正确显示要求内容得 30 分，屏幕稳定无跳动再得 5 分		
	程序结构		10	程序结构合理得 10 分，否则酌情扣分		
	完成途径		20	独立完成得 20 分，否则组长每指导一次扣 10 分，扣完为止		
小计（此项满分 80 分，最低 0 分）						

三、特殊情形扣分标准

特殊情形扣分标准如表 5-14 所示。

表 5-14　特殊情形扣分标准

扣分项目	分值	评分标准	组长评分
电路短路	-30	工作过程中出现电路短路，扣 30 分	
安全事故	-10	在完成工作任务的过程中，因违反安全操作规程使自己或他人受到伤害的，扣 10 分	
设备损坏	-5	损坏实训设备，视情节扣 1~5 分	
实训台整理	-5	存在污染环境、未整理实训台等不符合职业规范的行为，视情节扣 1~5 分	
小计（此项最高分 0 分，最低 -50 分）			

电子时钟系统设计

任务一　10s 倒计时显示系统的设计

任务要求

使用 AT89S52 单片机的定时器设计 10s 倒计时显示系统,要求采用两位数码管进行显示,系统加电数码管显示 "10",每经过 1s 显示数值减 1,直至显示数值为 "00" 后保持不变。

任务准备

一、电路设计

定时器属于单片机内部硬件,设置后即可使用。数码管显示电路与图 3-6 一致,这里不再赘述。

二、程序设计

1. AT89S52 单片机定时器系统

(1) AT89S52 单片机定时器简介

AT89S52 单片机有 3 个 16 位定时器/计数器,分别为定时器/计数器 0 (T0)、定时器/计数器 1 (T1) 和定时器/计数器 2 (T2)。其中,T0 和 T1 是通用定时器,T2 是集定时、计数和捕获 3 种功能于一体的高级定时器/计数器。这里仅介绍 T0 和 T1 的使用方法。

T0 和 T1 是两个完全一样的定时器/计数器,这里以 T0 为例进行讲解。T0 既可以用作计数器,也可以用作定时器,可根据需要进行设置。T0 由两个 8 位特殊功能寄存器 TH0 和 TL0 构成,TH0 称为 T0 的高 8 位,TL0 称为 T0 低 8 位。同样,T1 由特殊功能寄存器 TH1 和 TL1 构成。

(2) T0 和 T1 的定时功能

定时器/计数器的定时功能是通过对来自单片机内部的时钟脉冲进行计数实现的。单片机在每个机器周期都将计数器的值增加 1,由于每个机器周期等于 12 个振荡器周期,因此计数器的计数速率为振荡器频率的 1/12。当晶振频率选定时,机器周期、计数速率也就确定了。例如，当采用振荡频率为 12MHz 的晶振时，机器周期为 1μs，计数速率为 1MHz，即每隔 1μs 计数器加 1，这样就可以将对机器周期的计数转换成对时间的计数，计数值乘以单片机的机器周期即为定时时间。

（3）T0 和 T1 的相关寄存器

T0 和 T1 用到的控制和状态寄存器为 TMOD 和 TCON，主要用于设置定时器/计数器的功能和工作模式。

1）定时器/计数器模式寄存器 TMOD。TMOD 用于设置 T0 和 T1 的工作方式和 4 种工作模式。其结构如图 6-1 所示，可分为两部分，低 4 位用于控制 T0，高 4 位用于控制 T1，两部分操作和含义完全相同。

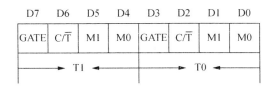

图 6-1　TMOD 的结构

下面分别介绍各控制位的含义。

① 门控制位 GATE。当门控制位 GATE=1 时，定时器/计数器的运行受外部引脚输入电平的控制。其中 INT0 引脚控制 T0，INT1 引脚控制 T1。当控制引脚为高电平且 TR0/TR1 置 1 时，相应的定时器/计数器才被选通。当门控制位 GATE=0 时，只要 TR0/TR1 置 1，相应的定时器/计数器就被选通，此时不受外部输入引脚的控制。

② 工作方式选择位 C/$\overline{T}$。当工作方式选择位 C/$\overline{T}$=0 时，为定时器工作方式。单片机 CPU 采用晶振脉冲的 12 分频信号作为计数器的计数信号，即对机器周期进行计数。当工作方式选择位 C/$\overline{T}$=1 时，为计数器工作方式。此时单片机的计数脉冲为外部引脚 P3.4（T0）或 P3.5（T1）的输入脉冲。当 T0 或 T1 输入发生从高电平到低电平的负跳变时，相应的计数器加 1。

③ 工作模式选择位 M1、M0。工作模式选择位 M1 和 M0 用于设置定时器/计数器的工作模式。M1 和 M0 共两位，对应 4 种工作模式。定时器/计数器的工作模式如表 6-1 所示。

表 6-1　定时器/计数器的工作模式

M1	M0	工作模式	功能说明
0	0	模式 0	13 位定时器/计数器
0	1	模式 1	16 位定时器/计数器
1	0	模式 2	自动重新装入的 8 位定时器/计数器
1	1	模式 3	T0 分成两个 8 位计数器，T1 停止计数

2）定时器/计数器控制寄存器 TCON。TCON 的功能是在定时器溢出时设定标志位，并处理定时器的运行、停止和中断请求。TCON 的结构如图 6-2 所示，其包含 3 个部分，TF1 和 TR1 位用于控制 T1，TF0 和 TR0 位用于控制 T0，其他的为中断控制。

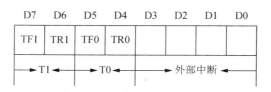

图 6-2　TCON 的结构

下面分别介绍各控制位的含义。

① 溢出标志位 TF1/TF0。当定时器 T1/T0 溢出时，硬件自动将 TF1/TF0 置 1，并申请中断。当进入中断服务程序时，硬件又自动将 TF1/TF0 清零。

② 启/停控制位 TR1/TR0。该位由软件置位和复位。当 GATE 为 0 时，若 TR1/TR0 置位为 1，则 T1/T0 开始计数；若 TR1/TR0 复位为 0，则 T1/T0 停止计数。当 GATE 为 1 时，若 TR1/TR0 置位为 1 且 INT1/INT0 输入高电平，则 T1/T0 开始计数。

2. T0 和 T1 的编程方法

AT89S52 单片机的定时器独立于单片机存在，使用前需要进行初始化设置。T0 和 T1 完全一样，可根据需要选用任意一个，也可两个同时选用。定时器/计数器的初始化过程如下。

1）设置工作模式。对 TMOD 进行设置，包括对门控制位 GATE、工作方式选择位 C/$\overline{\text{T}}$ 及工作模式选择位 M1 和 M0 的设置。

2）赋初值。为 TH0、TL0、TH1、TL1 等相关寄存器赋计数初值。

3）启动中断。AT89S52 单片机的定时器/计数器中断采用两级开关控制，启动中断时需要设置 IE 的 EA 位和 ETx（x=0 或 1）位，即 EA=1，ETx=1。

4）启动定时器/计数器。置位 TR0、TR1 即可启动定时器/计数器，T0 和 T1 将按规定的工作模式和初值开始定时或计数。

本任务选用定时器/计数器 T0，经过以上 4 步设置完成初始化。初始化后，定时器/计数器独立于 CPU 工作。只有在定时器/计数器定时时间到向 CPU 发出中断申请后，CPU 才能响应中断转入中断服务程序。定时器/计数器中断服务程序编写的一般格式如下：

```
void 定时器中断服务函数名()interrupt n
{
    语句1;
    语句2;
    ……
    语句n;
}
```

其中，interrupt 是关键字，n 是中断编号，选用定时器/计数器 T0 时 n=1；选用定时器/计数器 T1 时，n=3。

3. 任务程序代码

本任务的参考程序代码如下：

```
#include <reg51.h>
```

```
#define uchar unsigned char
#define uint unsigned int
sbit CS1=P2^6;
sbit CS2=P2^7;
sbit WRE=P3^6;
uchar fre;
signed char s;
uchar xianshi[2];
uchar WTAB[]={0xFE,0xFD,0xFB,0xF7,0xEF,0xDF,0xBF,0x7F};
uchar DTAB[]={0xC0,0xF9,0xA4,0xB0,0x99,0x92,0x82,0xF8,0x80,0x90};
void delay(uchar x)
{
    uchar a,b;
    for(a=0;a<x;a++)
        for(b=0;b<115;b++);
}
void disp()                          //数码管显示子程序
{
    uchar i;
    i++;
    if(i==2)
        i=0;
    P0=WTAB[i];
    CS1=0;
    WRE=0;
    WRE=1;
    CS1=1;
    P0=DTAB[xianshi[i]];
    CS2=0;
    WRE=0;
    WRE=1;
    CS2=1;
    delay(10);
}
void main()
{
    s=10;
    fre=0;
    TMOD=0x11;
    TH0=0x3D;
    TL0=0xB0;
    ET0=1;
    EA=1;
```

```
        TR0=1;
        xianshi[0]=1;
        xianshi[1]=0;
        while(s>=0)
            disp();
        TR0=0;
        xianshi[0]=0;
        xianshi[1]=0;
        while(1)
        {
            disp();
        }
    }
    void INT0_serve() interrupt 1    //定时器 T0 中断服务程序
    {
        TH0=0x3C;
        TL0=0xB0;
        fre++;
        if(fre==20)
        {
            fre=0;
            s--;
        }
        xianshi[0]=s/10;
        xianshi[1]=s%10;
    }
```

本任务程序第 2～8 行为 T0 的初始化。工程上为了模块化管理，也常常把这个过程设计成一个初始化子函数。

任务实施

一、硬件电路搭建

按照电路原理图（图 3-6），在 YL-236 型单片机实训平台上选取适当的电路模块，搭建 10s 倒计时显示系统的硬件电路。

1．模块选择

本任务所需要的模块如表 6-2 所示。

表 6-2　本任务所需要的模块

编号	模块代码	模块名称	模块接口
1	MCU01	主机模块	+5V、GND、P0、P2.5、P2.6、P2.7
2	MCU02	电源模块	+5V、GND
3	MCU04	显示模块	+5V、GND、D0～D7、CS1、CS2、WR

2. 工具和器材

本任务所需要的工具和器材如表 6-3 所示。

表 6-3 本任务所需要的工具和器材

编号	名称	型号及规格	数量	备注
1	数字万用表	MY-60	1 台	专配
2	斜口钳		1 把	专配
3	电子连接线	50cm	15 根	红色、黑色线各 2 根，其他颜色线 11 根
4	塑料绑线		若干	

3. 电路搭建

按照电路原理图搭建电路，电路的搭建要求安全、规范，具体步骤如下。

1）搭建电路前确保电源总开关关闭。

2）将选好的模块按照"走线最短"原则排布在 YL-236 型单片机实训平台的模块轨道上。

3）连接电源线，用红色电子连接线将各模块的+5V 端连接起来，用黑色电子连接线将各模块的 GND 端连接起来，并保证同一接线端子的电子连接线不超过 2 根。

4）连接数据线，用除红色和黑色外的其他颜色电子连接线作为数据线，将主机模块和显示模块的接口对应连接起来。

二、程序代码编写、编译

程序代码编写、编译步骤如下。

1）启动 Keil μVision4 编程软件，新建工程、文件并均以"countdown10s"为名保存在 F:\×××（学生姓名拼音）\countdown10s 文件夹中。

2）在 countdown10s.c 文件的文本编辑窗口中输入设计好的程序代码。

3）编译源程序，排除程序输入错误，生成 countdown10s.hex 文件。

三、系统调试

系统调试步骤如下。

1）使用程序下载专配 USB 线将计算机的 USB 接口与单片机主机模块程序下载接口连接起来。

2）打开电源总开关，启动程序下载软件，将源程序编译正确后生成的可执行文件下载至单片机中。

3）观察数码管显示器，若能按任务要求正确显示 10s 倒计时，则系统调试完成；否则需要进行故障排除。

任务评价

一、工艺性评分标准

工艺性评分标准如表 6-4 所示。

表 6-4　工艺性评分标准

评分项目	分值	评分标准	自我评分	组长评分
元器件连接 工艺（20分）	5	元器件选择多于或少于任务要求的，每项扣1分，扣完为止		
	5	元器件布局不合理，每处扣1分，扣完为止		
	5	元器件编号不正确，每处扣1分，扣完为止		
	5	导线走线不合理、不美观，每处扣1分，扣完为止		
小计（此项满分20分，最低0分）				

二、功能评分标准

功能评分标准如表 6-5 所示。

表 6-5　功能评分标准

项目	评分项目	分值	评分标准	自我评分	组长评分
提交	程序存储	10	程序存放在指定位置且格式正确得6分		
	程序加载		组长评分前能正确将程序下载在单片机芯片中得4分		
基本 任务	测试准备	5	组长评分前未按下"仿真运行"按钮得5分		
	仿真运行	10	按下"仿真运行"按钮，仿真正确进行，元器件属性无错误得10分；有错误每处扣5分，扣完为止		
	初始化显示	5	仿真运行，数码管初始化显示数字"9"得5分		
	时间间隔	70	使用单片机定时器定时，间隔1s得10分		
	倒计时工作	30	第一次仿真调试倒计时能正常进行，无跳数、无错数得30分；组长每指导一次扣10分，扣完为止		
	结束显示	5	10s倒计时结束一直显示数字"0"至系统断电得5分		
	程序结构	5	程序结构合理得5分，否则酌情扣分		
小计（此项满分80分，最低0分）					

任务二　可调电子时钟系统的设计

任务要求

电子时钟是日常生活中很实用的时间设备，通常包括时、分、秒的显示和调整。设计一个由 AT89S52 单片机控制、LCD1602 显示、独立按键调整的 24h 可调电子时钟。要求显示格式为"××:××:××"，并且设置 3 个独立按键分别对时、分、秒进行循环加法调整，即每按下一次在当前基础上加1，满进制后清零。

任务准备

一、电路设计

可调电子时钟系统主要包括时钟模块、液晶显示模块和按键模块 3 个部分。时钟模块可直接使用单片机的定时器来完成，液晶显示和按键的电路已在前面的项目中详细讲解，这里不再赘述。可调电子时钟系统的电路框图如图 6-3 所示。电路原理图如图 6-4 所示。

图 6-3 可调电子时钟系统电路框图

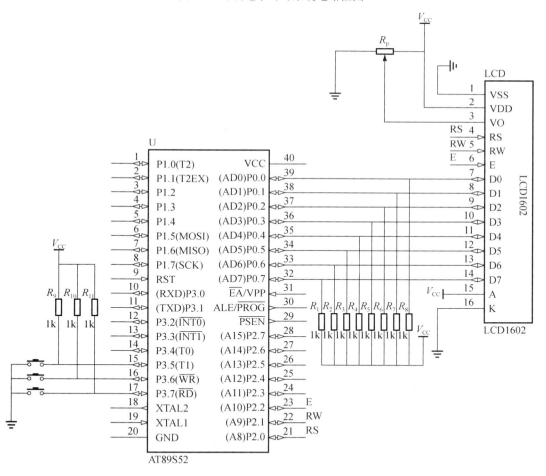

图 6-4 电路原理图

二、程序设计

可调电子时钟系统程序的设计按照模块进行，主要包括按键扫描子程序、液晶显示子程序、定时器中断服务子程序。

1. 按键扫描子程序

按键扫描子程序完成两个独立按键 S1 和 S2 状态的扫描，同时根据对应按键调整时钟和分钟的值。按键扫描子程序流程图如图 6-5 所示。

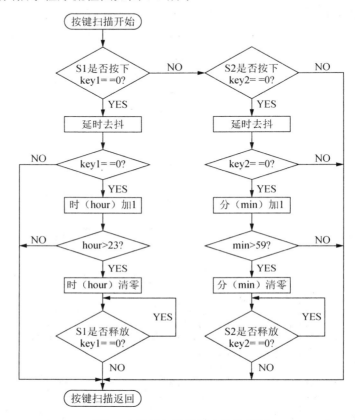

图 6-5　按键扫描子程序的流程图

2. 液晶显示子程序

LCD1602 的使用已在项目五任务三中详细介绍，这里不再赘述。

3. 定时器中断服务子程序

使用定时器 T0 完成 1s 定时，T0 初值设置为 0x3CB0，每中断 1 次定时 50ms，中断 20 次计时 1s。同时，定时器中断服务子程序完成对时、分、秒的计数，程序流程图如图 6-6 所示。

4. 任务程序代码

本任务参考程序代码如下：

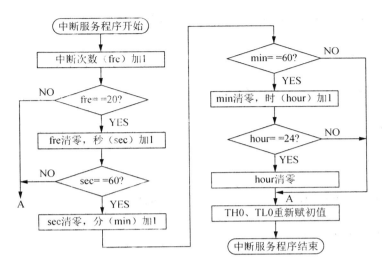

图 6-6 中断服务子程序的流程图

```c
#include <reg52.h>
#define uint unsigned int
#define uchar unsigned char
sbit rs=P2^0;
sbit rw=P2^1;
sbit e =P2^2;
sbit key1=P3^5;
sbit key2=P3^6;
sbit key3=P3^7;
uchar fre,sec,min,hour,shi,ge;
uchar code tab[]={"0123456789"};
uchar code zifu0[]={"LX Time"};
uchar code zifu1[]={"00:00:00"};
void delay(uchar ij)
{
    while(ij--);
}
bit mang()                          //忙检测
{
    bit mang1;
    rs=0;
    rw=1;
    e=1;
    mang1=(bit)(P0&0x80);
    e=0;
    return mang1;
}
```

```
void write_com(uchar com)        //写指令
{
    while(mang());
    rw=0;
    rs=0;
    e=0;
    P0=com;
    e=1;
    e=0;
}
void write_data(uchar dat)       //写数据
{
    while(mang());
    rw=0;
    rs=1;
    e=0;
    P0=dat;
    e=1;
    e=0;
}
void init()                      //LCD 初始化
{
    write_com(0x01);
    delay(250);
    write_com(0x03);
    delay(250);
    write_com(0x06);
    delay(250);
    write_com(0x0C);
    delay(250);
    write_com(0x38);
    delay(250);
}
void weizhi(uchar x,uchar y)     //显示位置指定子函数
{
    if(x==1)
    {
        write_com(0x80+y);
    }
    else
    {
        write_com(0xC0+y);
    }
```

```
}
void display(uchar a,uchar b)      //显示子函数
{
    uchar shi,ge;
    shi=a/10;
    write_com(0xC0+b);
    delay(50);
    write_data(tab[shi]);
    ge=a%10;
    write_com(0xC0+b+1);
    delay(50);
    write_data(tab[ge]);
}
void scan()                        //按键扫描子函数
{
    if((key2==0)||(key3==0)||(key1==0))
    {
        delay(10);
        if((key2==0)||(key3==0)||(key1==0))
        {   TR0=0;
            If(key1==0){hour++;if(hour==24)hour=0;}
            If(key2==0){min++;if(min==60)min=0;}
            If(key3==0){sec++;if(sec==60)sec=0;}
        }
        while((key2==0)||(key3==0)||(key1==0));
        TR0=1;
    }
}
void main()
{
    uchar i;
    TMOD=0x01;
    TH0=0x3C;TL0=0xB0;
    IE=0x83;TR0=1;
    IT0=0;IP=0x02;
    delay(255);
    delay(255);
    delay(255);
    init();
    delay(255);
    delay(255);
    i=0;sec=0;min=0;hour=0;
    while(i!=8)
```

```
    {
        weizhi(1,i);
        write_data(zifu0[i]);
        delay(50);
        i++;
    }
    i=0;
    while(i!=8)
    {
        weizhi(2,i);
        write_data(zifu1[i]);
        delay(50);
        i++;
    }
    while(1)
    {
        scan();
        display(hour,0);
        display(min,3);
        display(sec,6);
    }
}
void ding0() interrupt 1          //定时器中断服务程序
{
    fre++;
    if(fre==20)
    {
        fre=0;
        sec++;
        if(sec==60)
        {
            sec=0;
            min++;
            if(min==60)
            {
                min=0;
                hour++;
                if(hour==24)
                    hour=0;
            }
        }
    }
    TH0=0x3C;TL0=0xB0;
}
```

任务实施

一、硬件电路搭建

按照电路原理图（图6-4），在YL-236型单片机实训平台上选取适当的电路模块，搭建可调电子时钟系统的硬件电路。

1. 模块选择

本任务所需要的模块如表6-6所示。

表6-6 本任务所需要的模块

编号	模块代码	模块名称	模块接口
1	MCU01	主机模块	+5V、GND、P0、P2.5、P2.6、P2.7、P1.0、P1.1、P1.2
2	MCU02	电源模块	+5V、GND
3	MCU04	显示模块	+5V、GND、DB0~DB7、RS、R/W、E
4	MCU06	指令模块	+5V、GND、SB1、SB2、SB3

2. 工具和器材

本任务所需要的工具和器材如表6-7所示。

表6-7 本任务所需要的工具和器材

编号	名称	型号及规格	数量	备注
1	数字万用表	MY-60	1台	专配
2	斜口钳		1把	专配
3	电子连接线	50cm	20根	红色、黑色线各3根，其他颜色线14根
4	塑料绑线		若干	

3. 电路搭建

按照电路原理图（图6-4）搭建电路，电路的搭建要求安全、规范，具体步骤如下。

1）搭建电路前确保电源总开关关闭。

2）将选好的模块按照"走线最短"原则排布在YL-236型单片机实训平台的模块轨道上。

3）连接电源线，用红色电子连接线将各模块的+5V端连接起来，用黑色电子连接线将各模块的GND端连接起来，并保证同一接线端子的电子连接线不超过2根。

4）连接数据线，用除红色和黑色外的其他颜色电子连接线作为数据线，将主机模块、显示模块和指令模块的接口对应连接起来。

二、程序代码编写、编译

程序代码编写、编译步骤如下。

1）启动Keil μVision4编程软件，新建工程、文件并均以"clock"为名保存在F:\×××（学生姓名拼音）\clock文件夹中。

2）在clock.c文件的文本编辑窗口中输入设计好的程序代码。

3）编译源程序，排除程序输入错误，生成 clock.hex 文件。

三、系统调试

系统调试步骤如下。

1）使用程序下载专配 USB 线将计算机的 USB 接口与单片机主机模块程序下载接口连接起来。

2）打开电源总开关，启动程序下载软件，将源程序编译正确后生成的可执行文件下载至单片机中。

3）观察 LCD1602 显示屏，若能按任务要求正确显示时钟数据，则系统调试完成，否则需要进行故障排除。

任务评价

一、工艺性评分标准

工艺性评分标准如表 6-8 所示。

表 6-8　工艺性评分标准

评分项目	分值	评分标准	自我评分	组长评分
模块连接工艺（20分）	3	模块选择多于或少于任务要求的，每项扣1分，扣完为止		
	3	模块布置不合理，每个模块扣1分，扣完为止		
	3	电源线和数据线进行颜色区分，导线选择不合理，每处扣1分，扣完为止		
	5	导线走线不合理，每处扣1分，扣完为止		
	3	导线整理不美观，扣除1~3分		
	3	导线连接不牢，同一接线端子上连接导线多于2根的，每处扣1分，扣完为止		
小计（此项满分20分，最低0分）				

二、功能评分标准

功能评分标准如表 6-9 所示。

表 6-9　功能评分标准

项目	评分项目	分值		评分标准	自我评分	组长评分
提交	程序存储	10	6	程序存放在指定位置且格式正确得6分		
	程序加载		4	组长评分前能正确将程序下载到芯片中得4分		
基本任务	电源总开关控制	70	5	组长评分前电源总开关关闭得5分		
	LCD1602驱动		15	打开电源总开关，LCD1602初始化显示正确得15分		
	定时器使用		10	定时器能正常工作，实现1s定时得10分		
	时、分调整		30	能够调整时和分得30分，数值调整超出进制范围每处扣5分		
	程序结构		10	程序结构合理得10分，否则酌情扣分		
小计（此项满分80分，最低0分）						

三、特殊情形扣分标准

特殊情形扣分标准如表 6-10 所示。

表 6-10　特殊情形扣分标准

扣分项目	分值	评分标准	得分
电路短路	-30	工作过程中出现电路短路，扣 30 分	
安全事故	-10	在完成工作任务的过程中，因违反安全操作规程使自己或他人受到伤害的，扣 10 分	
设备损坏	-5	损坏实训设备，视情节扣 1~5 分	
实训台整理	-5	存在污染环境、未整理实训台等不符合职业规范的行为，视情节扣 1~5 分	
小计（此项最高分 0 分，最低-50 分）			

附录 单片机系统 Proteus 仿真常用元器件对照表

元器件名称	关键字	元器件名称	关键字
AT89C51 单片机	AT89C51	AT89C52 单片机	AT89C52
电阻	RES	电容	CAP
晶体振荡器	CRYSTAL	按键开关	BUTTON
手动开关	SWITCH	发光二极管	LED-RED
数码管	7SEG	小灯泡	LAMP
二极管	DIODE	晶体管	NPN/PNP
电动机	MOTOR	蜂鸣器	BUZZER
传声器	MICROPHONE	与门	74LS08
非门	74LS04	与非门	74LS00
1602 液晶	LM016L		

参 考 文 献

陈雅萍，2011．单片机项目设计与实训：项目式教学．北京：高等教育出版社．

葛金印，商联红，2010．单片机控制项目训练教程．北京：高等教育出版社．

李志京，2011．单片机应用技能实训：C 语言．南京：江苏教育出版社．

梁洁婷，首珩，肖玲妮，2008．单片机原理与应用．2 版．北京：高等教育出版社．

刘平，2014．深入浅出玩转 51 单片机．北京：北京航空航天大学出版社．

吴险峰，2016．51 单片机项目教程（C 语言版）．北京：人民邮电出版社．

赵建领，薛园园，2009．51 单片机开发与应用技术详解．北京：电子工业出版社．